世界科普巨匠经典译丛·第一辑

# INTERESTING ASTRONOMY

# 趣味

## 天文学

（苏）别莱利曼 / 著　李少林 / 译

上海科学普及出版社

图书在版编目（CIP）数据

趣味天文学 / （苏）别莱利曼著；李少林译 . —上海：上海科学普及出版社，2013.10（2022.6 重印）

（世界科普巨匠经典译丛·第一辑）

ISBN 978-7-5427-5829-3

Ⅰ.①趣… Ⅱ.①别… ②李… Ⅲ.①天文学—普及读物 Ⅳ.① P1-49

中国版本图书馆 CIP 数据核字 (2013) 第 173932 号

责任编辑：李 蕾

世界科普巨匠经典译丛·第一辑

**趣味天文学**

（苏）别莱利曼 著 李少林 译

上海科学普及出版社出版发行

（上海中山北路 832 号 邮编 200070）

http://www.pspsh.com

各地新华书店经销 三河市华晨印务有限公司印刷

开本 787×1092 1/12 印张 16 字数 192 000

2013 年 10 月第 1 版 2022 年 6 月第 3 次印刷

ISBN 978-7-5427-5829-3 定价：36.80 元

本书如有缺页、错装或坏损等严重质量问题

请向出版社联系调换

# 目录 CONTENTS

## 第1章 地球和它的运动

| | |
|---|---|
| 1.1 航海图上的最短航线 | 2 |
| 1.2 经度和纬度 | 8 |
| 1.3 阿蒙森的飞行方向 | 9 |
| 1.4 五种计时法 | 10 |
| 1.5 白天的长短 | 14 |
| 1.6 罕见的影子 | 16 |
| 1.7 两列火车 | 17 |
| 1.8 用怀表确定方向 | 19 |
| 1.9 白夜和黑昼 | 21 |
| 1.10 昼夜交替 | 23 |
| 1.11 极地太阳 | 24 |
| 1.12 四季的起始 | 25 |
| 1.13 三个"假如" | 27 |
| 1.14 又一个"假如" | 31 |
| 1.15 中午和傍晚哪个时候离太阳近？ | 36 |
| 1.16 距离再加一米 | 37 |
| 1.17 换个角度来看 | 38 |
| 1.18 改变地球钟 | 43 |
| 1.19 日界线 | 45 |
| 1.20 2月有几个星期五 | 46 |

## 第2章 月亮和它的运动

| | |
|---|---|
| 2.1 新月和残月 | 50 |
| 2.2 月亮的位相 | 51 |
| 2.3 地球和月球 | 52 |
| 2.4 月球为何不会掉到太阳上去？ | 54 |
| 2.5 月球的两面 | 56 |
| 2.6 地球的第二卫星和月球的卫星 | 59 |
| 2.7 月球上为什么没有大气？ | 60 |
| 2.8 月球的大小 | 62 |
| 2.9 月球上的美景 | 65 |
| 2.10 月球上的天空 | 70 |
| 2.11 为什么要观察日食和月食？ | 75 |
| 2.12 日食和月食的周期 | 81 |

# 目录 CONTENTS

2.13 这种情况是真的吗? 83
2.14 关于日食和月食的几个问题 84
2.15 月球上的天气 87

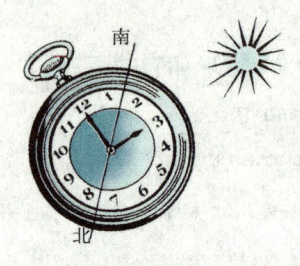

## 第3章 行星

3.1 白昼时观察到的行星 92
3.2 行星符号及来源 93
3.3 无法画出来的东西 95
3.4 为何水星上没有大气? 98
3.5 金星的位相 99
3.6 大冲 100
3.7 木星 102
3.8 土星环的消失 104
3.9 伽利略的字谜 106
3.10 冥王星 107
3.11 小行星 109
3.12 地球的近邻 111
3.13 木星的伙伴 112
3.14 行星上的天空 112

## 第4章 恒星

4.1 恒星为什么会发光? 124
4.2 为什么恒星闪烁发光,
而行星的光芒很稳定? 125
4.3 白天是否能看见恒星? 126
4.4 星星的等级 128
4.5 恒星代数学 129
4.6 肉眼和望远镜 131
4.7 太阳和月亮的等级 132
4.8 恒星和太阳的真实亮度 134
4.9 已知的最亮恒星 135
4.10 行星空中看到的其他
行星的等级 136
4.11 为什么望远镜不会把
恒星放大? 138
4.12 测量恒星直径的方法 140
4.13 恒星世界中的巨人 142

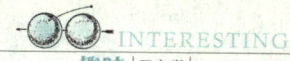

| | |
|---|---|
| 4.14 难以想象的结果 | 143 |
| 4.15 最重的物质 | 143 |
| 4.16 恒星的来源 | 147 |
| 4.17 恒星距离的单位 | 149 |
| 4.18 距离太阳最近的恒星系统 | 152 |
| 4.19 宇宙比例尺 | 154 |

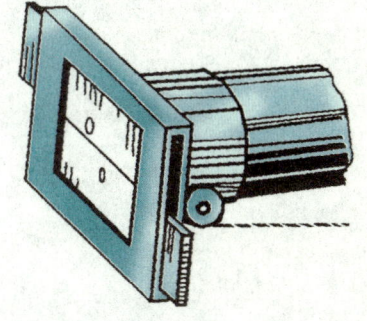

## 第5章 万有引力

| | |
|---|---|
| 5.1 垂直向上射的炮弹 | 158 |
| 5.2 高空中的重量 | 161 |
| 5.3 在纸上画行星轨道 | 163 |
| 5.4 行星朝太阳坠落 | 166 |
| 5.5 赫菲斯托斯的铁砧 | 168 |
| 5.6 太阳系的边界 | 169 |
| 5.7 不存在的彗星 | 170 |
| 5.8 为地球称重 | 170 |
| 5.9 地球的核心物质 | 173 |
| 5.10 太阳和月球的质量 | 173 |
| 5.11 行星、恒星的质量和密度 | 176 |
| 5.12 月球和行星上的重力 | 177 |
| 5.13 恒星的最大重力 | 179 |
| 5.14 行星深处的重力 | 179 |
| 5.15 关于轮船的问题 | 181 |
| 5.16 潮汐 | 183 |
| 5.17 月球和气候 | 185 |

# 第1章

## 地球和它的运动

## 1.1 航海图上的最短航线

一位教小学生的女老师给学生出了这样一道题:

"用粉笔在黑板上画两个点,谁知道这两个点之间的最短的距离怎么画?"

一个男同学想了想,拿起粉笔在两点之间画了一条曲线。

"你觉得这是最短的路线吗?"女老师惊讶地问。

"是的。这是我爸爸告诉我的,他是开出租车的司机。"男同学回答。

在我们眼中,这位同学的答案显然是错误的。但是,看了下面的例子,你的想法可能会发生变化。下面图1-1中的弧线表示的是从好望角到澳大利亚的最短距离,这是否推翻了你一贯的认知?接下来的说法更会令你目瞪口呆:图1-2中的弧线是日本到巴拿马运河的路线,比图中的直线距离还短!

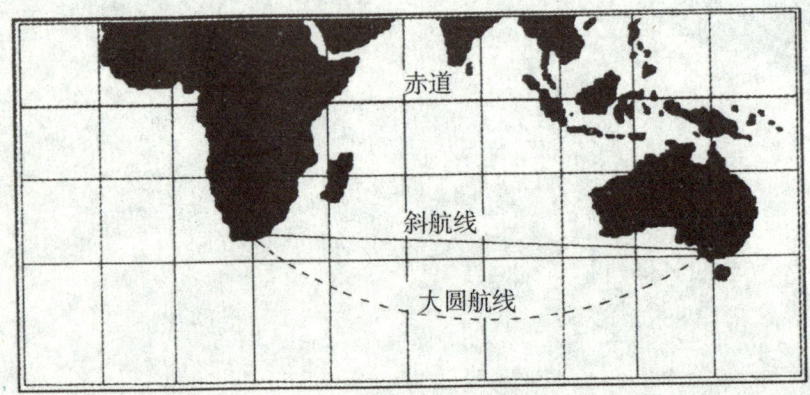

图1-1 在航海图上,从好望角到澳大利亚南端的最短航线是曲线(大圆航线),而不是直线(斜航线)

上述两个例子看起来可笑,却是无可反驳的事实,绘制地图的大师都知道这些道理。如果想弄清楚这是怎么回事,就必须从地图说起,航海图是一个关

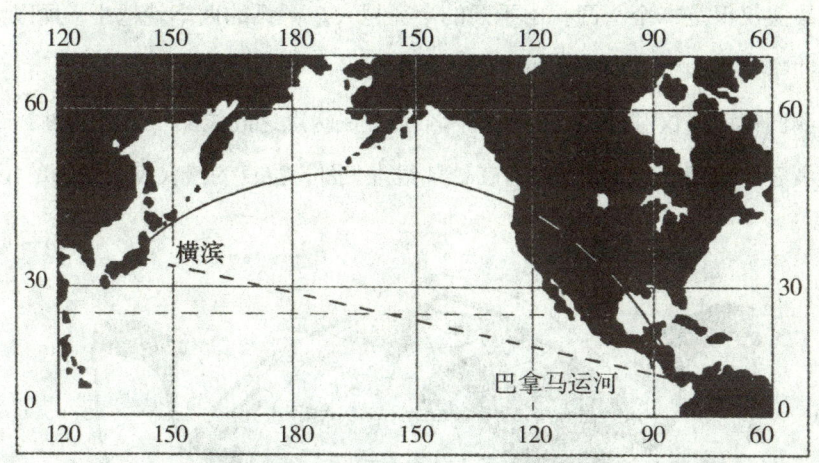

图1-2 在航海图上,连接横滨和巴拿马运河的曲线比直线要短

键。我们知道,地球是圆形的,要想在纸上准确地画出地球的表层,绝对是一件困难的事情,因为在纸上画地球的展开图的时候,总会出现重叠或者破损的地方。因此,在地图上就会出现一些不可避免的错误。人们想过多种画地图的办法,但都是有缺点的,总会出现这样或者那样的偏差,谁也画不出十全十美的地图。

16世纪,荷兰有一位叫墨卡托的地理学家和数学家,他发明了一种绘制地图的方法:用平行的直线表示经线,用垂直于经线的直线表示纬线。现在,航海家们使用的地图就是依据这个原理绘制的。

接下来,大家认真想一想,处于同一纬度的两个海港之间的距离怎么计算呢?大家都知道,两地之间可以航行的路线有很多,我们需要找出最短的路线去前进。这时,我们就会想到,两个海港同处于的那一条纬线就是最短的距离,因为纬线在地图上是直线,理所当然是最佳的航线。但是,我们犯了一个大错误,两点沿同一纬线上的连线不是最短的。

事实上,球面和平面有着本质的区别,球面上的最短距离是大圆弧线[1],

---

[1] 球面上的大圆指的是圆心和球心重合的圆,球面上其他的圆是小圆。

而纬线圈仅仅是一个小圆。由于圆的半径越大,圆弧的曲率就越小,所以大圆弧的曲率比小圆弧的曲率小得多。

我们在地球仪某纬线上随便找两个点,在两点之间拉紧一条线(图1-3),可以清楚地看到,这条线并没有在该纬线上。因为拉直的线代表着最短的距离,

图1-3 在地球仪上的两点之间拉紧一条线,就可以测量出这两点间的最短距离

所以航海中同纬度上的两个港口之间的最短路线不是在该纬度的纬线上。

由于航海图上的纬线圈是用直线表示的,其上任意两点之间除了直线就是曲线了,所以航海图上的最短距离是曲线(除赤道圈外)。

相传,修建圣彼得堡到莫斯科的十月铁路(当时叫尼古拉铁路)时,在路线问题上经过了长时间的争论。最后,尼古拉一世决定使用"直线法":把圣彼得堡和莫斯科当作两个点,用一条直线把它们连接起来。假如把这条直线画

在墨卡托的地图上,我们将看到,这条直线变成了曲线。

下面,我们用计算证明:地图上的大圆曲线航线比直线航线要短。

假设我们要证明的两个港口和圣彼得堡位于同一条纬线上,即北纬60°上,且两个港口之间的距离对应的角度是60°。(只是为了计算,不确定是否真的存在两个这样的港口)在图1-4中,$O$点表示地球的球心,$A$和$B$表示两个港口,位于同一个纬线圈上,$AB$的弧长对应的角度为60°,$C$点是纬线圈的中心。以球心$O$为圆心,过$A$和$B$画一条大弧线,半径$OA=OB=R$;这条大弧线接近弧线$AB$,但没有和它重叠。

现在,我们计算弧线$AB$的长度。$AB$的弧长是60°,$\angle COA = \angle COB = 60°$。在直角三角形$ACO$中,30°角所对的图1-4中的$A$、$B$两点之间的大$AC$边等于$CO$边的一半,即$r = \frac{R}{2}$;弧线$AB$的长度是纬线圈的圆弧线长,也是纬线圈弧$\frac{1}{6}$,也就是60°。由于纬线圈的半径$r$是大圆半径$R$的$\frac{1}{2}$,因此纬线圈的周长也是大圆周长的一半,$\frac{1}{2}$纬线圈弧线$AB = \frac{1}{6} \times \frac{40000}{2}$=3333千米(大圆的周长为40000千米)

接着,我们计算经过点$A$、$B$的大圆弧线的长度。这时,必须想办法计算出$\angle AOB$的大小。因为弧线$AB$的弧长是60°,所以直线$AB$为小圆内接正六边形的一边,$AB = r = \frac{R}{2}$。过球心$O$作一条直线$OD$,点$D$为直线$AB$的中点,则三角形$ODA$为直角三角形,$\angle ODA = 90°$。因为

$$DA = \frac{1}{2}BA, OA = R$$

所以

$$\sin \angle AOD = \frac{DA}{OA} = \frac{\frac{R}{4}}{R} : R = 0.25$$

通过查阅三角函数表可知,$\angle AOD = 14°28'30''$,因此$\angle AOB = 28°57'$。

现在,很容易算出经过$A$、$B$两点的大圆弧线的长度。由于地球上大圆一分的长度是一海里,大约是1.85千米,所以可以得出$28°57' = 1737' \approx 3213$千米。

# 第1章 地球和它的运动

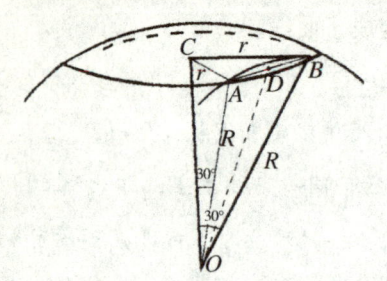

因此,大圆上的航海路线 3213 千米要比纬线圈上的路线 3333 千米短 120 千米,证明了航海图上的大圆曲线航线比直线航线要短。

图 1-4 地球上 A,B 两点间纬圈弧线和大圆弧线哪一条长

仅仅需要一个地球仪和一根线,大家就可以验证上述的证明是否正确,还可以确认最短距离是否和上述图上的大圆弧线一致。图 1-1 是好望角到澳大利亚南端的航海图,直线距离为 6020 海里,曲线距离是 5456 海里,曲线比直线要短 570 海里,即 1050 千米。在航海图上,从伦敦到上海的最短航线是经圣彼得堡往北,而直线航线要穿过里海,长度会延伸不少。毋庸置疑,了解这些知识,在航海时不仅可以节省时间,还可以节约燃料。

在帆船时代,也许人们的时间观念还不强,但轮船出现之后,"时间"就成了"金钱"的代名词,航行的时间越长,使用的燃料就越多,相应花费的金钱就越多。因此,现在的航海图在墨卡托地图的基础上作了一些改动,图上的大圆弧线是用直线表示的,也就是最短的航行路线。

那么,为什么以前的航海家使用不正确的航海图,选择较远的航线呢?大家可能会认为,那时候的人们不知道我们所说的航海图的特点,但这种观点是错误的。问题的关键是,虽然依据墨卡托的方法绘制的航海图有某些缺陷,但对航海家们来说有着巨大的价值。在这种航海图上,地球表面的个别区域保留着本来的角度,没有任何偏差。不过,这种情况不适合远离赤道的地方,因为那里的地面轮廓比实际的要大一些。在高纬度地区,地面轮廓拉伸得相当大,不熟悉航海图的人在看这种地图时,就会判断错误陆地的实际大小。例如,他可能会觉得格陵兰岛的面积等于非洲的面积,阿拉斯加比澳大利亚还要大。实际上,非洲的面积是格陵兰岛面积的 15 倍,澳大利亚比阿拉斯加大得多。然而,了解航海图的人绝不会有这种疑惑。他们能够忍受航海图上的小小缺点,何况

这种地区的范围很小,航海图上的形状和真实的形状很像(图1-5)。

因此,航海图帮忙解决航海中的问题,它是唯一用直线表示轮船定向航行

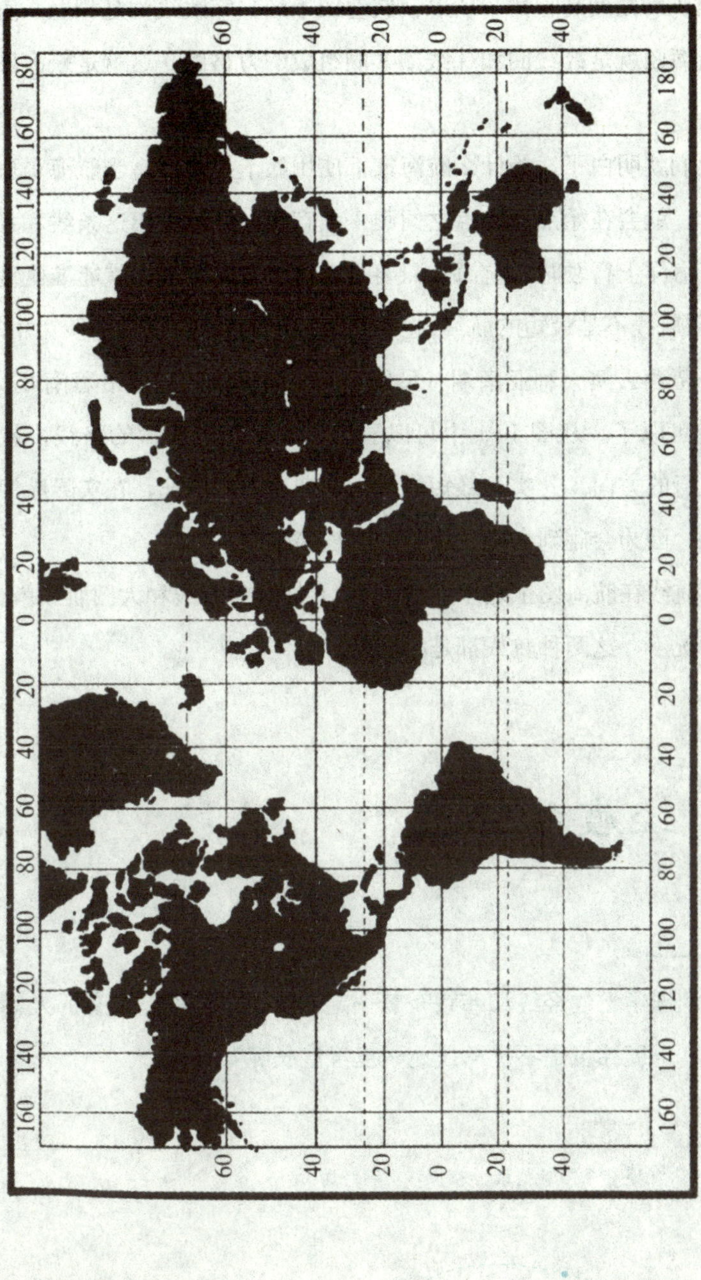

图1-5 无论是全球航海图,还是墨卡托航海图,高纬度地区的轮廓都扩大得很厉害

的一种图。"定向航行"指的是沿着同一个方向，保持一定的角度航行。也就是说，轮船行进的路线和经线相交形成的角的度数相同。这样的航线也叫斜航线①，只有在经线是平行的航海图上才能用直线表示。由于地球上的经线圈和纬线圈相交成的角度是直角，所以在航海图上经、纬线线圈是相互垂直的。简单地说，航海图就是经线圈和纬线圈共同组成的方格图，这就是航海图的显著特点。

现在我们就明白了，为什么航海家都使用墨卡托地图。当航海员确定了航海的路线时，就会在始点和终点之间画一条直线，并测量出这条线和经线之间的角度。在海洋上行驶时，航海员只要沿着这个方向前进，就能准确地到达目的地。尽管斜航线不是最短的航线，也不是最经济的航线，但却是最实用的航线。例如，从好望角去澳大利亚南端（见图1-1）的时候，只要沿着南87.50°的方向航行就可以了。从图1-1中可以看出，如果想走最短的路线，就需要不断地改变航行的方向。其实，最短航线只是理论上的情况，在实际航海的时候根本不存在，因为会碰到岛礁或极地的冰层等阻碍。

当大圆航线在航海图上是用直线表示的时候，斜航线和大圆航线就会重合。在其他的情况下，这两种航线都是不同的。

## 1.2 经度和纬度

**题**

读者对地理学上的经线和纬线有着一定的认识，但不是所有的人都能回答出这个问题：一度纬度是不是总是比一度经度长呢？

---

① 斜航线实际上是一条螺旋的线，在地球上缠绕着。

**解** 很多人都有着这样的认识，似乎除赤道外的每一条纬线圈都要小于经线圈。由于纬线圈的长度决定了经度的大小，而经线圈的长度决定了纬度的大小，所以得出这样的结论：一度经度的长度绝对不会大于一度纬度的长度。但这些人忘了地球并不是一个圆球，而是一个椭球体，赤道上有着略微的凸出。在椭球体的地球上，赤道和靠近赤道的纬线圈都比经线圈长。通过计算可以得知，从赤道到纬度5°，经度的每一度都比纬度的一度长。

## 1.3 阿蒙森的飞行方向

**题**

从北极返回的时候，阿蒙森飞往哪个方向？当他从南极返回时，又是飞往哪个方向？（当你回答问题的时候，不要翻阅这位伟大的旅行家的日记。）

**解** 由于北极位于地球的最北端，因此从北极往回走的时候，无论选择哪个方向都是往南走。所以，阿蒙森从北极返回时，只能飞往南方。下面是他日记中的片段内容：

"'挪威'号绕着北极飞了一圈后，我们继续往前行驶……从那时开始，一直向南飞行，直到罗马城。"

与此类似，当阿蒙森从南极返回时，只能往北方飞行。

普鲁特果夫曾经写过一个滑稽故事，讲述的是一个土耳其人进入"最东边的国家"的情景。

"前面和后面是东，左边和右边也是东，那么，西方在哪里呢？大家也许会觉得，他应该会看见某一点吧，比如在远方隐隐约约摆动的一点？……没有！总之一句话，四面八方全是东。"

其实，地球上并不存在这样的地方，各个方向都是东。但是，地球上却有这样的地方，它的周围都是南。同样，也存在周围都是北的地方。例如，在北极修建一栋房子，房子的四面墙都面向南。

## 1.4 五种计时法

我们习惯了使用钟表记录时间，从来没有想过钟表指的时间有什么意义。当一个人说"现在是晚上八点"的时候，他要表达的是什么意思呢？有人能够解释出来吗？

最通常的理解是，钟表上的时针正指向数字"8"。那么，这个数字有什么意义呢？它表示的是，中午之后时间又过去了一个昼夜的 $\frac{8}{24}$，也就是 $\frac{1}{3}$，这里的中午指的又是什么呢？一个昼夜的 $\frac{1}{3}$ 是多少呢？一个昼夜又是什么意思？有这样一句俗话："一个白天加上一个黑夜就是一昼夜。"这里的一昼夜指的是地球绕着自己的轴心，并以太阳为参照旋转一周需要的时间。实际上，这个时间是这样来测量的：把观察者头顶上的一点（天顶）和地平线上正南端的一点相连，记录下太阳的中心两次经过这条线需要的时间。这个时间不是固定不变的，因为太阳经过那条线的时间有时早一些，有时晚一些。不可能根据这个时间来校正钟表的时间。即使是技术最好的钟表匠，也不可能按照太阳的时间来校正钟表的时间。100多年前，巴黎的钟表匠们就在自己的招牌上写到："太阳指示的时间只能用来骗人。"

钟表匠不是按照太阳的真正运行来校正时间的，而是想象中的太阳。想象中的太阳不会发光、发热，只是为了正确计时。假如自然界存在这样一个天体，它一年四季都在匀速运行，地球绕着它旋转一周的时间等于地球绕太阳一周的时间。这个想象中的天体叫做"平均太阳"；它经过天顶和正南方连线的那一刻叫做"平均中午"；两个平均中午之间的时间叫做"平均太阳日"，按照这种方法计算出来的时间就是"平均太阳时间"。钟表依据的就是平均太阳时间，而用指针影表示指针的日晷显示出来的时间就是真正的太阳时间。

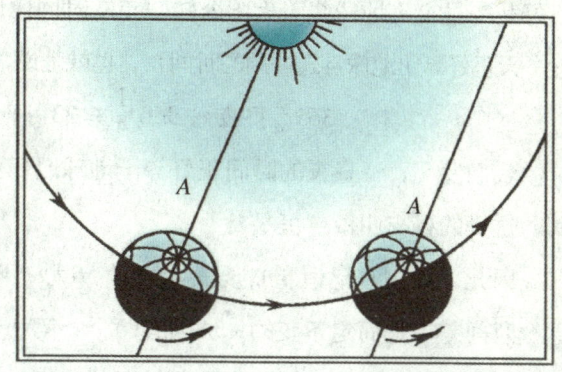

图 1-6 为什么太阳日长于恒星日

读者看完上面的讲述，可能会产生这样的想法，地球围绕地轴的自转不是匀速的，太阳日也不是相等的。其实，这种想法是错误的。因为昼夜的不等是地球的另一种运动造成的，那就是围绕太阳的不匀速公转。接下来，我们讨论这样的运动是如何影响昼夜长短的。在图 1-6 中，显示的是地球公转时两个连续的位置，我们先分析图 1-6 的左边。

图 1-6 的左边的后下方有一个箭头，表示的是地球绕着地轴自转的方向。从北极往下看时，地球的自转是逆时针的。$A$ 点代表的是正午，正对着太阳。当地球自转了一周后，公转到图 1-6 右边的位置。这时，通过 $A$ 点的直线和头一天的方向一致，但此时的 $A$ 点没有正对着太阳。对站在 $A$ 点上的人来说，中午还没有到，太阳还位于那条线的左边，地球再自转几分钟 $A$ 点才会是正午。

这种现象说明了什么呢？这说明，两个真正的中午太阳时间是不一样的，之间有着间隔。如果地球围绕太阳的公转是匀速的，公转的轨道是以太阳为圆心的圆，那么，地球自转一周的时间就等于两个真正的中午太阳时间。但是，真实的情况不是这样的，每天都会有一点小小的差额，在一年内这些差额的和正好是一昼夜（地球绕着太阳公转一年的时间比地球自转一年的时间多一天，这一天正好等于地球自转一周的时间），也就是说，地球自转一周需要的时间是：

$$365\frac{1}{4}昼夜 \div 366\frac{1}{4} \equiv 23\text{ 小时 }56\text{ 分 }4\text{ 秒}。$$

我们发现，一昼夜的时间正好等于地球以任何恒星为准自转一周需要的时间，这样的昼夜叫做"恒星日"。

因此，太阳日比恒星日要长3分钟56秒，四舍五入后是4分钟。但是，这个时间差不是固定不变的，原因有两个：第一，地球围绕太阳公转的轨道不是圆形，而是椭圆形。在离太阳比较近的地方，地球的公转速度大，在较远的地方公转速度小；第二，地球自转的轴和地球绕着太阳公转的平面之间是倾斜的。正是因为这两个原因，在不同的日子里，太阳的真正时间和平均太阳时间的差别也不同，有时会相差十几分钟。在一年中，只有4天这两个时间相等：4月15日、6月14日、9月1日、12月24日。

另外，在2月11日和11月2日这两天里，真正太阳日和平均太阳日之间的差别最大，大约是15分钟。图1-7显示了一年内这两个时间的差别情况。

这个图被称为时间方程图，图中表示的是真正的太阳中午时间和平均太阳中午时间的差值，例如，在4月1日，真正的中午在钟表上的显示是12点5分。

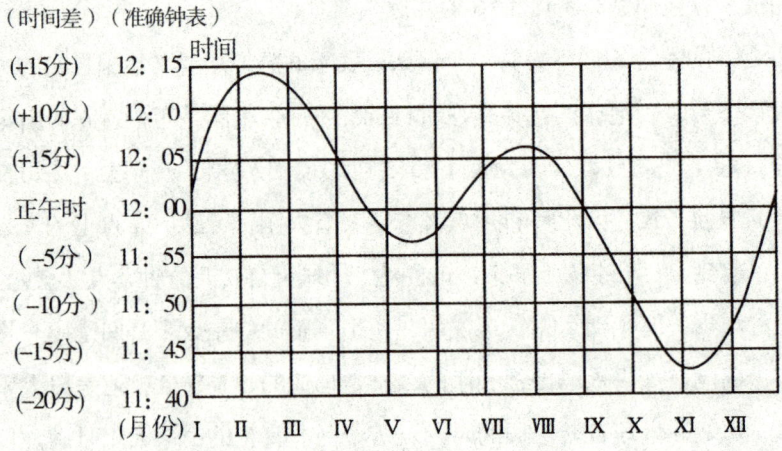

图1-7 曲线显示的是真正太阳日的中午对应的平均太阳时间，例如，4月1日的真正中午对应的平均太阳时间是12点5分

图中的曲线表示的是真正的太阳中午时间。

1919年之前，苏联人是按照当地的太阳时间来计时的。我们知道，在地球的不同经线上，中午的时间是各不相同的，因此每个城市都是按照当地的时间来计时的，只有列车时刻表使用法是全国通用时间：当时，苏联的全国通用时间是圣彼得堡的当地时间。所以就出现了"城市时间"和"火车站时间"，前者指的是城市的当地时间，也是显示在钟表上的时间；后者指的是圣彼得堡的时间，即火车站的钟表上显示的时间。现在，火车使用的是莫斯科时间。

从1919年开始，苏联用来计时的时间不再是地方时间，而是"时区"时间。人们根据地球上的经线将地球划分成24个相等的时区，同一时区内的地方使用相同的时间，这个时间是平均太阳时间，取的是这个时区中间的经线时间。这样，在地球上，每一刻都有24个不同的时间。没有采用时区计时的时候，全球存在许多不同的时间。

至此，我们谈了三种计时的方法：真正的太阳时间；平均太阳时间；时区时间。另外，还有天文学家使用的恒星时间。恒星时间是依据恒星日来计时的，我们知道恒星日比平均太阳日要短大约4分钟。每年的3月22日，这两个时间相同，从第二天开始，恒星时间就比平均太阳时间大约快4分钟。

最后，我们介绍第五种计时方法，那就是法令规定时间，简称"法定时"。苏联人们一年四季采用这种计算方法，大多数西方国家在夏季使用这种时间。

法定时要比时区时间快一个小时，这样的目的是：从春天到秋天的这段时间，白天的时间比较长，可以把作息时间提前一些，减少人工照明所消耗的能源。方法就是把时间拨快一个小时设定法定时。在多数西方国家，每年春天把时钟拨快一个小时，等到秋季时再拨慢一个小时。

在苏联，一年四季都需要拨时钟。虽然这样不能减少照明需要的能量，却能使发电站的负荷比较均衡。

1917年，苏联开始使用法定时[①]。有的时候要将时钟拨快2个小时，甚至

---

[①] 这一法案的提出是由于本书作者的建议。——编者注

是3个小时。中断了几年之后，苏联在1930年重新施行法定时，规定比时区时间快一个小时。

## 1.5 白天的长短

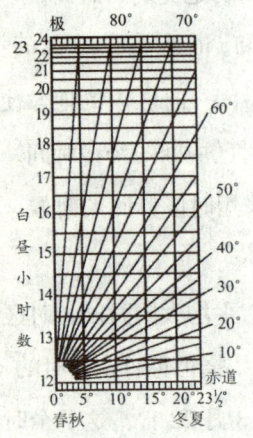

图1-8 推算白天长短的图表

借助于天文年历表，可以计算出任何一个地方在一年内的任何一天的白天的长短。在日常生活中，我们并不需要这么精确的数值，如果想知道近似值，图1-8就足够了。图左侧的数字表示的是白天的小时数，下端的数字是太阳和赤道的角距。角距用度数来表示，称为太阳"赤纬"。图中的斜线表示的是观察点的纬度。

想要看懂图1-8，就要知道一年中的每一天太阳和赤道角距的大小。在下面的表格中，标出了相应的数。

| 日期 | 太阳赤纬 | 日期 | 太阳赤纬 |
| --- | --- | --- | --- |
| 1月21日 | $-20°$ | 7月24日 | $+20°$ |
| 2月8日 | $-15°$ | 8月12日 | $+15°$ |
| 2月23日 | $-10°$ | 8月28日 | $+10°$ |
| 3月8日 | $-5°$ | 9月10日 | $+5°$ |
| 3月21日 | $0°$ | 9月24日 | $0°$ |
| 4月4日 | $+5°$ | 10月6日 | $-5°$ |
| 4月16日 | $+10°$ | 10月20日 | $-10°$ |
| 5月1日 | $+15°$ | 11月3日 | $-15°$ |
| 5月21日 | $+20°$ | 11月22日 | $-20°$ |
| 6月22日 | $+23\frac{1}{2}°$ | 12月22日 | $-23\frac{1}{2}°$ |

下面，我们举例说明表格的使用方法。

（1）已知圣彼得堡的纬度是60°，它的4月中旬白天的时间多长？

从上面的表格中可以发现，4月中旬时太阳和赤道的角距是＋10°。在图1-8中，我们从最下端找到10°这个点，过纬度是60°的斜线做垂直于底边的直线，垂足是10°这个点。直线和纬度的交点对应的左边的数值是14.5，也就是说，所求的白天的时间大约是14.5个小时。为什么说大约呢？那是因为我们忽略了"大气折射"造成的影响（见图1-15）。

（2）已知阿斯特拉罕的纬度是46°，它的11月10日白天的时间多长？

11月10日时太阳赤纬的角距是－17°，这时太阳位于南半球。按上述方法，我们可以求出白天的时间是14.5小时。但是，由于这一天的太阳赤纬是负数，所以这个数字表示的不是白天的长短，而是夜晚的长短。这样，白天的时间就是24－14.5=9.5小时。

我们还可以求出日出的时间。9.5小时的一半是4小时45分，从图7可以知道，11月1日真正中午对应的时间是11点43分，日出的时间就是：11点43分－4点45分＝6点58分。这一天日落的时间是：11点43分＋4点45分＝16点28分，也就是下午的4点28分。可见，图1-7和图1-8有时可

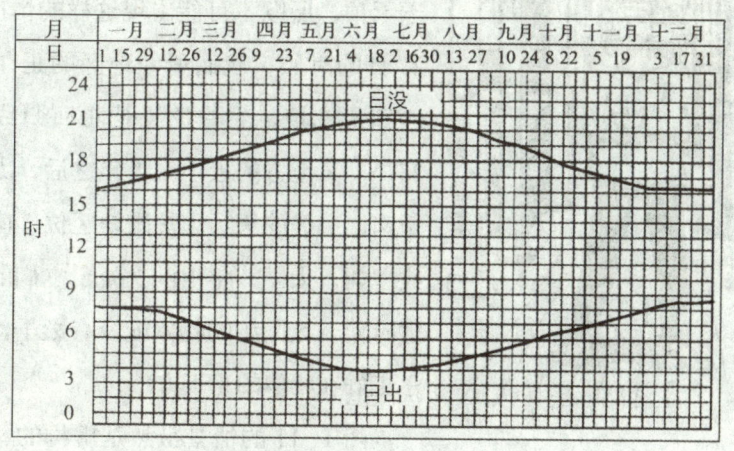

图1-9 纬度50°地区一年中太阳的升降时间表

以代替天文年历表。

利用刚才讲述的方法,我们可以建立一个表格,用来表示我们居住地的一年内太阳升降的时间及白天的长短。在图 1-9 中,我们表示了纬度是 50°的地区的情况(表格绘制的依据是地方时,而不是法定时)。只要认真观察,大家就能绘制出类似的表格。如果我们绘制出所有纬度的表格,只需要看一眼就能说出任何地方某天太阳升起和降落的时间。

## 1.6 罕见的影子

图 1-10 画面有个人,这张图有个奇特的地方:在光天化日之下,这个人竟然没有影子。

但这是一张真实的图片,图片的地点不是普通的地方,而是赤道附近,当时太阳的位置几乎垂直地悬在那个人的头顶上(太阳处于天顶)。

在我们所处的纬度地区,太阳不会位于天顶,所以不可能出现这样的情况。6 月 22 日的时候,我们所处地区的正午,太阳达到最高值,它的位置是北回归线(北纬 23.5°)上方的天顶。半年之后,太阳会位于南回归线的天顶。热带地区位于南北回归线之间,太阳一年中两次处于它们的天顶,这时候,太阳下的物体就没有影子,因为影子正好在物体的正下方。

图 1-11 的情景虽然是虚构的,却有着重要的意义。我们知道,一个人不可能同

图 1-10 没有影子的人

图 1-11 极地地区物体的影子一天内都是一样的，长度不会发生变化

时产生 6 个影子，画图的人想告诉我们极地地区太阳的特点：在一天内，物体影子的长度不会发生变化。因为极地地区的太阳不是和地平线相交，而是平行的。绘图的人却犯了一个错误，图中的影子和人的身高相比太短了。如果影子真的像图中画的那么长，应该是太阳高度大约是 $40°$ 时的情况。但是，在极地地区，太阳的高度永远小于 $23.5°$。根据三角学的很容易算出，极地地区物体的影子长度不会短于物体高度的 2.3 倍。

## 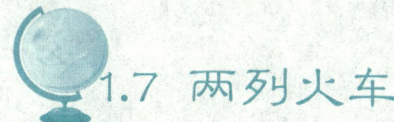 1.7 两列火车

**题**

有两列完全相同的火车，以相同的速度相向而行，其中一列由东向西行驶，另一列由西向东行驶（图 1-12）。请问：哪一列火车比较重？

|地球和它的运动|

图 1-12　相向行驶的火车

**解**　由于地球的自转方向是自西向东，因此由东向西行驶的那列火车比较重，作用于铁轨上的压力较大。这列火车绕着地轴运动的速度比较慢，在离心力的影响下，它相对于由西向东行驶的火车而言，失去的重量小一些。

那么，两列火车之间的重量相差多少呢？我们假设两列火车位于北纬60°的地方，火车的行驶速度是20米/秒。我们知道，该地区位于地球表面上的点都以230米/秒的速度绕着地轴运动。由此可知，自西向东行驶的火车由于和地球的自转方向相同，它的速度要加上地球的自转速度，应该是250米/每秒；而由东向西行驶的火车的速度是210米/秒（230－20）。由于纬度60°地区纬线圈的半径是3200千米，所以第一列火车的向心加速度是：

$$\frac{V_1^2}{R} = \frac{25000^2}{320\,000\,000}\,\text{cm/s}^2。$$

第二列火车的向心加速度是：

$$\frac{V_2^2}{R} = \frac{21000^2}{320\,000\,000}\,\text{cm/s}^2。$$

第一列火车的向心加速度比第二列火车大：

$$\frac{V_1^2 - V_2^2}{R} = \frac{25000^2 - 21000^2}{320\,000\,000} \approx 0.6\,\text{cm/s}^2。$$

由于向心加速度的方向和重力的方向的角度是60°，所以我们只要考虑向心加速度对重力的影响就可以了。即：

$$0.6\,\text{cm/s}^2 \times cos60° = 0.3\,\text{cm/s}^2$$

用这个数值除以重力加速度得到：

$$\frac{0.3}{980} \approx 0.0003.$$

因此，向西行驶的火车比较重，重的重量是火车本身重量的 0.0003 倍。如果火车有 1 个车头和 45 个车厢，总重量是 3500 吨，重量的差值就是：

$$3500 \times 0.0003 = 1.05 \text{ 吨} = 1050 \text{ 千克}.$$

对于载重 20000 吨的大轮船而言，当它的行驶速度是 35 千米 / 小时的时候，重量可以相差约 3 吨。轮船向东航行时减少的重量在水银气压计上可以显示出来。如果向东航行的轮船和向西航行的轮船的速度都是 35 千米 / 小时，前者的气压比后者低 $0.00015 \times 760 = 0.1$ 毫米汞柱高。在圣彼得堡的大街上行走的人，当他的速度是 5 千米 / 小时的时候，自东向西行走的时候比自西向东行走的时候重 1 克。

## 1.8 用怀表确定方向

大家都知道，晴天的时候用怀表可以找方向。怀表需要这样摆放：时针指向太阳的方向，时针和 6—12 的那条线相交，夹角的平分线指的方向是正南方。这个方法的依据不难理解，太阳在空中转一圈的时间是 24 个小时，钟表转一圈的时间是 12 个小时。也就是说，在相同的时间里，时针走过的弧度是太阳走

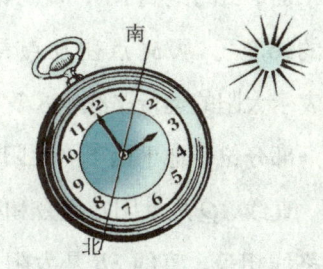

图 1-13 怀表确定方向的方法简单但不是很准确

过的弧度的两倍。因此，假如时针在中午的时候指向太阳，不久后它就会超过太阳，但走过的弧度是太阳转过弧度的两倍。所以，按照上述方法把时针走过的弧度平分的线，就是正午太阳在空中的位置，这个位置就是正南方。

经验告诉我们，这种方法不是很准确，有时甚至会相差几十度。要弄清楚

这里面的原因,就要仔细研究这种方法。原因在于,怀表的表面平行于地平面,而太阳路径只有在极地地区才和地平面平行,在其他的地区,太阳路径和地平面之间有着相应的角度,位于赤道上方时和地平面垂直。因此,用怀表确定方向的方法,只有在极地时才会毫无误差,其他的地方就不同了,会产生大小不一的误差。

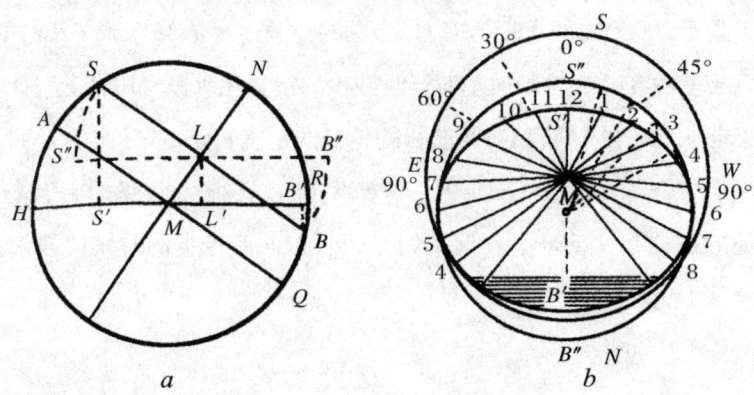

图1-14 怀表为什么不能当作指南针

我们先看图1-14中的$a$,假如观测者站在$M$点,$N$点是北极,圆$HASNRBQ$是天球子午线,它会经过观测者的头顶和北极。只要测量出北极到地平面$HR$的距离$NR$,就可以知道观测者所处位置的纬度,因为$NR$等于当地的纬度①。从$M$点往$H$点看时,观测者的前方是北方。在这幅图上,用直线表示太阳的运行路线,这条直线有一部分在地平面上(太阳在白天的运动),另一部分位于地平面下(太阳在黑夜的运动)。

直线$AQ$是太阳在春分和秋分走过的路线,此时的太阳在白天和黑夜走过的路线相等。直线$SB$是太阳夏季时的运行路线,它平行于直线$SB$大部分位于地平面之上,小部分位于地平面之下(夏季的白天比较长)。太阳在圆形路径上运行,每小时运行全长的$\frac{1}{24}$,也就是$\frac{360°}{24}=15°$。但是,在午后的3点,太阳并不是位于地平面的西南方(15°×3=45°)。为什么会这样呢?因为太阳路径上相等的弧度在地平面上的投影不相等。

图1-14中的$b$,直观地表示了这种情况。图中的圆$SWNE$是从天顶往下

① 这一点在《趣味几何学》中的"鲁滨逊的几何学"一章中有介绍。

看形成的地平面圈,直线 SN 是天球子午线,观测者站在 M 点,太阳一昼夜走过的圆形路径的中心投射到地平面上的点是 L′(见图 1-14 a),太阳的圆形路径投射到地平面上是椭圆形 S′B′。

现在,我们来分析太阳的运行路径 S′B′ 上的等分点在地平面上的投影。我们先把太阳的路径 SB 旋转,使它平行于地平面,形成图 1-14a 中的直线 S″B″。然后,将它等分成 24 份,作出它们在地平面上的投影图。为了画出椭圆形 SB 上的等分点,我们过 S″B″ 上的等分点作平行于 SN 的线条。很明显,我们得到的是一些不相等的弧线。对于观测者来说,这些弧线显得更不相等,因为他不是站在椭圆的中心 L 上,而是站在旁边的点 M 上。

接下来,我们计算一下,在纬度 53°的地区,夏天使用怀表确定方向时会产生多大的误差呢?这时,太阳在早晨 3～4 点升起(图 1-14b 中的阴影部分代表的是黑夜),太阳在 7 点 30 分到达正东方向 E 点,而不是怀表显示的 6 点。在距离正南方 60°的地方,太阳升起的时间是 9 点 30 分,而不是早上 8 点;在距离正南方 30°的地方,太阳升起的时间是 11 点,而不是 10 点。在西南方向,太阳在 1 点 40 分出现,而不是下午 3 点;太阳落下去的时间是 4 点 30 分,而不是下午 6 点。

如果我们考虑到怀表使用的是法定时,而不是当地的真正太阳时间,用怀表确定方向的方法就更不准确了。

因此,怀表虽然可以确定方向,但很不可靠。在春分、秋分、冬天的时候,用怀表确定方向的误差最小。

## 1.9 白夜和黑昼

圣彼得堡从 4 月中旬开始进入"白夜"时期,从这些朦胧的光辉中,衍生出多少诗情画意啊!在文学上,圣彼得堡和白夜有着深深的联系,更成为文人墨客赞美的对象。实际上，白夜是一种自然现象，位于某些纬度的地区都会出现这种情况。

从天文学上来说，白夜和晨曦、晚霞一样，并没有什么神奇的地方。普希金将白夜定义为晨曦和晚霞的融合："为了阻止黑暗取代金黄色的天空，一道霞光便出现了……"在纬度极高的地区，如果太阳在昼夜的运行过程中不会降到地平面以下17.5°的地方，那么，当晚霞还没降落的时候，晨曦就出现了，这样就不会有黑夜。

显然，并不是圣彼得堡或者某一个特定的地方才会出现白夜，通过天文学方法，还可以计算出白夜的界限。事实上，圣彼得堡以南的地区也会出现白夜。

从5月中旬到7月初的这段时间，莫斯科的人们也可以看到白夜奇观。虽然莫斯科的白夜不如圣彼得堡的白夜明亮，但圣彼得堡5月的白夜能出现在莫斯科的整个6月和7月初。

白夜南端的界限是苏联境内位于波尔塔瓦的49°（太阳赤纬66.5°～17.5°）纬线上。在6月22日，这个地区可以见到白夜，只有这一天而已。从这一纬度向北，白夜的时间越来越长，也越来越亮。在古比雪夫、喀山、普斯科夫、基洛夫、叶妮塞克斯这些地区，也有白夜现象。由于它们位于圣彼得堡的南端，所以白夜的时间比较短，也没有圣彼得堡的白夜明亮。但是，普多日的白夜比圣彼得堡的亮一些，阿尔汉格尔斯克的白夜更亮，这个地区已经接近日不落的地方。斯德哥尔摩的白夜和圣彼得堡的白夜差不多，亮度没有什么差别。

如果太阳的运动轨道是在地平面上滑动，就不会有晨曦和晚霞的衔接，而是永无止境的白天。从纬度65°42′往北，太阳会在半夜升起；从纬度67°24′的地方开始，会出现没有间断的黑夜，这里的晨曦和晚霞的衔接点不是午夜，而是中午。这就是所谓的"黑昼"，和白夜正好相反，但它们的光亮程度是相同的。"黑昼"地区也就是半夜可以见到太阳的地区，只是这两种现象出现在一年中不同的时间。在一些地方，6月的时候可以见到不落的太阳，

12月的时候会有好些天是朦朦胧胧的,那是因为太阳没有出来而引起的。

## 1.10 昼夜交替

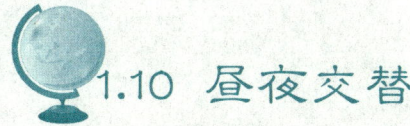

白夜和黑昼的现象告诉我们,小时候认为的白天和黑夜永远交替的想法并不完全正确。实际上,根据昼夜交替的关系,我们可以将地球划分成5个地带,每一个地带都有自己的昼夜交替规律。

第一个地带:赤道向南北延伸到纬度49°的地方,这一地带的昼夜都有真正的白天和黑夜之分。

第二个地带:纬度49°~65.5°之间的区域,包括苏联境内波尔塔瓦以北的所有地区,这里在接近夏至的时候会出现连续不断的微明,属于白夜地带。

第三个地带:纬度65.5°~67.5°之间的地区,在6月22日前后,这里的太阳基本上不会落下,属于半夜能看见太阳的地区。

第四个地带:纬度67.5°~83.5°之间的地区,不仅在6月里有连续不断的白昼,在12月还有连续多天的黑夜,在这些日子里太阳不会升起,晨曦和晚霞代替了白天,这就是黑昼地带。

第五个地带:纬度83.5°以北的地方,这里的昼夜情况最复杂。如果说圣彼得堡的白夜打破了正常昼夜交替的规律,那么,在这个地区,根本不存在我们所熟悉的昼夜现象。从夏至到冬至(6月22日~12月22日)这半年的时间,这里可以划分为5个时期:第一个时期是连续不断的白昼;第二个时期是白昼和微明的交替,但没有完全的黑夜,类似于圣彼得堡夏季的黑夜;第三个时期是连续不断的微明,没有真正的白天和黑夜;第四个时期,在微明中,每天半夜前后有一段比较黑暗的时间;第五个时期是彻底的黑夜。在另外的半年中(12月23日~第二年6月21日),情况也是一样,只是顺序要反过来。

在地球的南半球,在相应的地理纬度上,也会出现类似的情况。

我们极大多数从来没有听说过南半球有白夜现象，那是因为那里是一片海洋。在南半球，跟圣彼得堡相同的纬度上，全部是海洋，没有任何陆地，只有航海家才可能遇到那里的白夜景象。

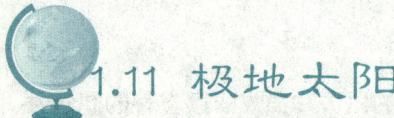

## 1.11 极地太阳

**题**

极地探险家会注意到这样一个现象：高纬度地区的太阳，微弱的光线照射到地面上，竖直的物体会晒得很厉害。

房屋的墙壁变得很热，冰山快速融化，木船上的树胶晒化了，人们脸上的皮肤晒黑了，还有很多类似的现象。

为什么极地的太阳会对竖直的物体产生这样的影响？如何解释这种现象呢？

**解** 在此处我们需要用到一个物理定律：阳光投射到物体上的角度越垂直，作用就会越明显。在极地地区，即使在夏天太阳的位置也不高，不会超过45°，而在高纬度地区，角度会更小。

显然，当太阳光和地平面的角度小于45°的时候，它们跟垂直的直线所成的角度一定会大于45°。也就是说，阳光落到竖直物体上的角度相当陡。

现在，我们就明白了，为什么极地阳光射到地面并不厉害，但射到竖直的物体却非常厉害。

## 1.12 四季的起始

3月21日，不论是狂风肆虐，还是寒冷依旧，北半球的人们都认为这是冬去春来的日子，这就是天文学上春天的开始。许多人有着这样的疑惑，为什么3月21日（有些年份是3月22日）这一天是冬天和春天的分界点呢？不管是酷寒当道，还是暖阳当空，永远不会改变。

原因在于，天文学上的春天不是根据天气的变化来确定的。在北半球，春天会同一天到来，不免使人产生这样的想法，对此天气状况没有实际意义，因为北半球的天气不可能都一样。

事实上，天文学家们在确定四季开始的日子的时候，依据的不是气象规律，而是天文学现象：正午太阳的高度，以及由此造成的昼夜的长短。天气状况仅仅可以算是附带的参考情况。

在3月21日这一天，地球上的昼夜分界线通过地理学上的南北两极。如果我们把一个地球仪拿在手中，对着灯光使地球仪被照亮的那一面的界限和经线重合，跟赤道和所有的纬线圈的夹角是直角，然后把地球仪沿着轴转动，可以看到地球仪上的每个点在转圈时形成的轨道一半在阴影里，另一半在光亮下。这说明，此时的白天和黑夜一样长。在每年的这一天，地球上的任何地方的昼夜都等长，也就是说，白天是12个小时，等于昼夜的一半，太阳升起的时间是早上6点，落下去的时间是18点（这里说的是地方时）。

由于3月21日这一天地球上所有地方的昼夜一样长，天文学上将这一天称为"春分"。之所以叫春分的原因是，这一天并不是一年中唯一一天昼夜等长的日子，半年后的9月23日这一天，又会出现昼夜等长的现象，被称为"秋分"，它是夏天和秋天的分界线。在北半球是春分的时候，在地球的另一端南半球正好是秋分，反之亦然。当赤道的一侧是冬去春来的时候，另一侧则是夏去秋来，南北半球的季节永远不会相同。

接下来，我们分析一下关于昼夜长短的问题。从9月23日秋分这一天开始，北半球的黑夜会越来越长，相应地白天越来越短。12月22日这一天，黑夜最长，白天最短；此后情况会相反，白天越来越长，黑夜越来越短，直到3月21日昼夜等长。总而言之，这半年的黑夜会长于白天。在接下来的半年里，白天会长于黑夜。从3月21日开始，白天会慢慢变长，黑夜则会变短。6月21日这一天，白天最长，黑夜最短；此后白天越来越短，黑夜越来越长，直到9月23日昼夜等长。

我们上面说到的四个日期，就是天文学上四季的开始，适合于北半球的所有地方：

3月21日：昼夜等长，春季的开始；

6月22日：白天最长，夏季的开始；

9月23日：昼夜等长，秋季的开始；

12月22日：黑夜最长，冬季的开始。

在南半球，我们的春天是他们的秋天；我们这边是骄阳似火的夏天的时候，他们那边则是白雪皑皑的冬天。

我们给读者留几个问题，以帮助大家更好地记忆和理解上面的内容。

### 题

①地球上什么地方的昼夜永远等长？

②3月21日这一天，塔什干的太阳什么时候升起？日本的东京和阿根廷的布宜诺斯艾利斯呢？

③9月23日这一天，新西伯利亚的太阳什么时候落下去？纽约和好望角呢？

④8月2日和2月27日，赤道地区的太阳什么时候升起？

⑤有没有这样的地方：7月是寒冷的冬天，1月是炎热的夏天？

**解** ①赤道上的昼夜永远等长，因为不管地球处于什么样的位置，太阳照

到地面上时总会把赤道分成相等的两部分。

②和③是春分和秋分的时候,地球上所有地方的太阳都是当地时间的 6 点升起,18 点落下去。

④由于赤道上的昼夜等长,所以太阳永远是当地时间 6 点升起。

⑤在南半球的中纬度地区,总是 7 月严寒、1 月酷暑。

## 1.13 三个"假如"

有时候,解释一件司空见惯的事情比解释一件罕见的事情更困难。我们小时候就学会了十进制计数法,当我们接触到二进制、八进制、十六进制的时候,才了解了十进制的好处。在开始学习非欧几里得几何学的时候,才懂得了欧几里得几何学的要点。为了清楚地认识重力在我们生活中的作用,就要想象这个力比实际情况大很多或者小很多的时候会发生什么事。现在,让我们学习用"假如"的方法加深对地球围绕太阳公转的认识。

我们知道,地轴和地球运行轨道的平面的夹角是 66.5°,大约是直角的 $\frac{3}{4}$。如果我们不是将这个角当成直角的 $\frac{3}{4}$,而是幻想成直角,我们能够更好地认识这一事实。也就是说,把地轴想象成垂直于地球运动轨道的平面,就像凡尔纳的幻想小说《底朝天》中炮兵俱乐部的会员幻想的那样,这样一来,自然界中的寻常事情会变成什么样呢?

(1) 假如地轴垂直于地球运动轨道的平面

假如实现了"将地轴竖起来"的计划,现在地轴垂直于地球围绕太阳公转的平面,那么,会出现怎样奇怪的现象呢?

首先,现在的北极星——小熊座 α 星,就不再是指示北方的北极星了。因为地轴的延长线不会再通过这颗星的近旁,而天空中的星星会围绕着另一点转动。

然后，四季的交替会完全变样，也可以说，不会再有四季的变化了。

四季的交替是什么决定的呢？为什么夏天比较炎热，冬天比较寒冷呢？这虽然是一个很寻常的问题，还是要找出答案。除了课本上的知识，很少人会深入研究。

北半球的夏季之所以如此炎热，首要的原因是地轴是倾斜的，造成地球的北端朝着太阳，所以白天比较长，黑夜比较短。太阳长时间照射着地面，夜里不能把白天吸收的热量全部散发出去，导致吸收的热量越来越多，天气就越来越热了。其次还是因为地轴向太阳倾斜，白天的时候太阳在空中的位置高一些，阳光和地面的角度就大一些。这说明，夏季的太阳不仅会长时间地照射着地面，而且照射的程度很厉害。冬天的情况相反，太阳照射地面的时间短，晚上散热的时间长，所以天气比较寒冷。

在南半球，同样的情况出现在 6 个月之后（也可以说 6 个月之前），春天和秋天的时候，南北两极和太阳光之间的角度是一样的，太阳照射到地面的部分也相似。这段时间就是冬夏之间的季节。

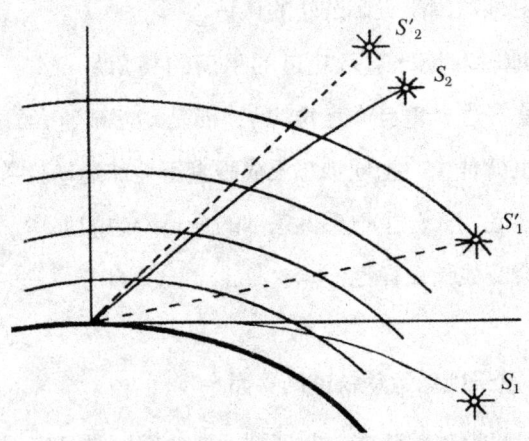

图 1-15 由于大气的折射作用，从太阳上发出的光线 $S_2$，穿过大气层时位置会发生偏移，因此，观察者会觉得光线是从 $S'_2$ 发出的。$S_1$ 处的太阳虽然落下去了，由于折射作用观察者还是能够看到 $S'_1$

如果地轴和地球绕着太阳公转的平面垂直，还会有这种变化吗？不会，因为那时候的地球相对于太阳的位置不会发生变化，一年四季都会是相同的情况，类似于现在的春分和秋分，任何时候都是昼夜等长（木星上的情况就是这样，它的轴几乎垂直于绕着太阳旋转的平面）。

如果地轴垂直于地球绕着太阳运动的平面，图 1-15 中现象会发生在温带地区，热带地区不会有明显的光线折射，而极地地区的光线折射则非常明显。由于大气的折射作用，位于这些地区上方的星体的位置会变得高一些（图 1-15）。太阳永远不会降落，一年四季在地平面上徘徊，于是就会出现永恒的白夜，更确切的说法是永远的早晨。虽然太阳的位置很低，但散发的热量不会太大。由于长年累月受到太阳的照射，极地的温度会升高一些。这就是地轴角度改变带来的好处，但无法弥补其他地区造成的严重损失。

### （2）假如地轴和地球运动轨道平面的夹角是 45°

现在，我们看另一种假设，把地球的倾斜角变为 45°。每年的春分和秋分的时候，地球上昼夜交替的情况和我们的假设相同。在 6 月份时，太阳会位于 45° 纬线的天顶，而不是 23.5°。这时，这一纬度的天气就像热带地区一样。在纬度是 60° 的圣彼得堡地区，太阳距离天顶只有 15°，这样的高度正好是热带地区太阳的高度，因此热带会和寒带接壤，不再有温带地区。在莫斯科和哈尔科夫地区，整个 6 月都会是白天，太阳不会落下去。相反，冬天的时候，在莫斯科、哈尔科夫、基辅、波尔塔瓦这些地方，会出现连续不断的极夜。这个时候，热带就变成了温带，因为太阳的高度低于 45°。

这样的改变，会对热带和温带地区造成严重的影响，而极地地区却受益良多：在这些地方，严冬（比现在要寒冷）过后会出现非常暖和的夏季。即使是在极点上，正午的太阳高度也会达到 45°，而且会持续半年。北极的永冻冰块会在阳光的照射下减少很多。

### (3) 假如地轴位于地球运动轨道的平面上

这个假设是把地轴放在地球绕着太阳公转的平面上，如图 1-16 所示，地球将会"躺着"绕着太阳旋转。这时，地球的运动类似于天王星的运动，这样会发生什么样的事情呢？

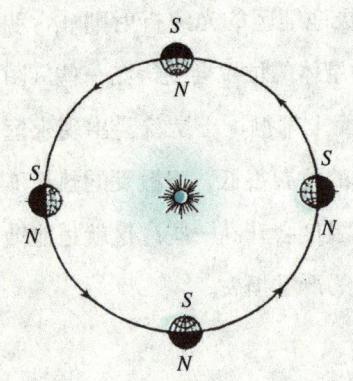

图 1-16 把地轴放到地球运动的轨道平面上，地球会怎样绕着太阳旋转呢

极地附近会出现半年的白昼。在此期间，太阳会以盘旋状的形态，从地平面慢慢升到天顶，然后再沿着同样的路线回到地平面上。接着，会出现半年的黑夜。在昼夜交替的时候，会有连续多天的微明天气。太阳在没有落到地平面以下的时候，会在地平面附近徘徊好几天，绕着天空旋转。夏季的时候，冬天里留下来的冰雪会全部融化。

在中纬度地区，从春天开始白天会变长，然后有一段时间是白昼。该地区和极地地区的纬度差是多少，白昼就会在多少天后到来，而白昼持续的时间等于当地纬度的两倍。例如，圣彼得堡的白昼到来的时间是 3 月 21 日后的第 30 天，持续的时间是 120 天。9 月 23 日前的 30 天是极夜。冬天的情况相反，会出现同样天数的黑夜。在赤道附近，会存在昼夜等长的现象。

前面提到过天王星，它的轴和它绕着太阳运行轨道的平面之间的夹角是 8°，因此可以说天王星是"卧着"绕着太阳运动的。

在了解了三个"假如"的内容之后，相信大家对气候和地轴倾斜度之间的关系有了更深刻的认识。可见"气候"用希腊语解释是"倾斜"，也绝不是偶然的巧合。

## 1.14 又一个"假如"

我们来讨论另一个问题:地球运行的轨道形状。地球和其他的行星一样,遵循开普勒第一定律:所有的行星都以太阳为中心,沿着椭圆的轨道运行。

地球绕着太阳公转的轨道是一个什么样的椭圆呢?椭圆和圆形又有着什么样的区别呢?

在一般的天文学教科书中,地球的运动轨道通常会被画成两端很长的椭圆。但这样的形状并不正确,而多数人却信以为真。其实,地球的运动轨道和圆形的区别很小,甚至在纸上画出来就是圆形。如果我们画的地球的运动轨道的直径是 1 米,那么,它和圆形的差别,跟图形的线条差不多。即使是敏锐的艺术家,也可能看不出这样的椭圆和圆形的区别。现在,我们来看一下几何学上的椭圆。

在图 1—17 的椭圆中,$AB$ 表示的是椭圆的长径,$CD$ 表示的是椭圆的短径。

在一个椭圆中,除了中心 $O$,还有两个重要的点——焦点,它们位于长径上,到中心点 $O$ 的距离相等。下面是用来求焦点的方法(见图 1—18):以短径的端点 $C$ 为圆心,长径 $AB$ 的一半 $OB$ 为半径,画一条弧线,和长径 $AB$ 的交点是 $F$ 和 $F_1$,这两个点就是椭圆的焦点。$OF$ 和 $OF_1$ 的长度相等,通常用字

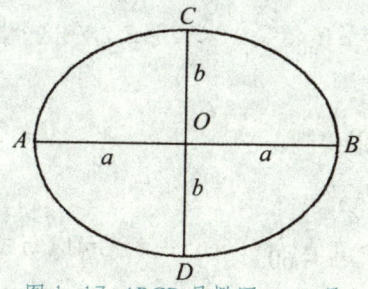

图 1—17 $ABCD$ 是椭圆,$AB$ 是长径,$CD$ 是短径,$O$ 点是中心

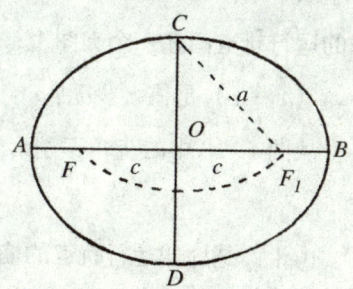

图 1—18 如何求出椭圆的焦点 $F$ 和 $F_1$,以及椭圆的半长径 $a$ 呢

母 $c$ 表示，用 $2a$ 和 $2c$ 来表示长径和短径。$c$ 除以 $a$ 表示的是椭圆的伸展程度，叫做"偏心率"。椭圆越接近圆形，偏心率越小，反之越大。

只要知道了地球运行轨道的偏心率，我们对椭圆的形状就能有一个比较清楚的认识，不用知道轨道的大小就可以求出这个值来。事实上，太阳处于地球运行轨道的一个焦点上。由于轨道上的各点到这个焦点的距离不同，所以我们看到的太阳有大有小。我们观测到的太阳的大小，当然和我们选择的观测点有着重要的关系。假如太阳位于图 1-18 中的 $F_1$ 点，7 月 1 日左右的时候，地球在椭圆轨道的 $A$ 点，那时我们见到的太阳的圆面最小，用角度表示是 31′ 28″；1 月 1 日左右的时候，地球在 $B$ 点，那时我们见到的太阳的圆面最大，大约是 32′ 32″。现在，可以求出一个近似比例：

$$\frac{31′\ 28″}{32′\ 32″} \approx \frac{BF_1}{AF_1} = \frac{a-c}{a+c}$$

从这个比例中可以得出：

$$\frac{32′\ 32″ - 31′\ 28″}{32′\ 32″ + 31′\ 28″} = \frac{a+c-(a-c)}{a+c+(a-c)}$$

化简后得到：

$$\frac{64″}{64′} = \frac{c}{a}$$

因此：

$$\frac{c}{a} = \frac{1}{60} \approx 0.017$$

也就是说，地球运行轨道的偏心率是 0.017。由此可知，只要测出太阳的可视圆面，就能求出地球运行轨道椭圆的形状。

接下来，我们证明地球运行轨道的形状和圆形的区别不大。如果我们把地球的运行轨道画在一个大图上，长径的一半 $a$ 的值是 1 米。那么，在这个椭圆中，$(a - b)$ 是值多少呢？

从图 1-18 中的直角三角形 $COF_1$ 中可以得到：

$$\frac{c^2}{a^2} = \frac{a^2 - b^2}{a^2}$$

由于 $\frac{c}{a}$ 是地球运行轨道的偏心率，这个值是 $\frac{1}{60}$。$(a^2 - b^2)$ 可以写成 $(a + b)(a - b)$，因为 $a$ 和 $b$ 的差别很小，所以 $(a + b)$ 的值可以用 $2a$ 表示。

因此，我们得到：

$$\frac{1}{60^2} = \frac{2a(a-b)}{a^2} = \frac{2(a-b)}{a}$$

所以

$$a-b = \frac{a}{2 \times 60^2} = \frac{1000}{7200}$$

也就是说，$a$、$b$ 的差值小于 $\frac{1}{7}mm$。

由此可知，即使是在这么大的图上，椭圆轨道的半长径和半短径的差别都不到 $\frac{1}{7}$ 毫米。即使是最细的铅笔，画出来的线的宽度都比这个数值大。因此，如果我们把地球的运行轨道画成圆形，也没有什么不妥。

那么，在这个图上，太阳的位置在哪里呢？为了表明太阳位于椭圆的焦点上，应该把它放在距离中心点多远的地方呢？也就是说，在我们的图上，$c$ 的值是多少呢？这个计算并不困难：

$$\frac{c}{a} = \frac{1}{60}, c = \frac{a}{60} = \frac{100}{60} \approx 1.7cm$$

这说明，太阳的位置距离我们所画的地球运动轨道的中心点 1.7 厘米。假如我们用直径是 1 厘米的圆表示太阳，那么，普通人很难发现这个圆不是在地球运动轨道的中心点。

根据上面的分析可以知道，在画地球的运动轨道的时候，可以把它画成圆形，太阳的位置很靠近圆心。

太阳在地球运动轨道上的不对称性，对地球上的气候有什么影响呢？为了弄清楚这个问题，我们还是采用"假设"的方法。如果地球运动轨道的偏心率扩大到 0.5，也就是椭圆的焦点平分了半长径，这样的椭圆将会扁很多。太阳系的主要行星中，没有一个星体的运行轨道有这么大的偏心率，即使是轨道最扁的水星，偏心率的值也不到 0.25（小行星和彗星的轨道更扁长）。

### 假如地球的运行轨道扁长很多

我们把地球的运行轨道拉得扁长一些，焦点正好是半长径的中点，如图 1–19 所示。1 月 1 日时，地球仍然处于 $A$ 点；7 月 1 日时，地球处于 $B$ 点。

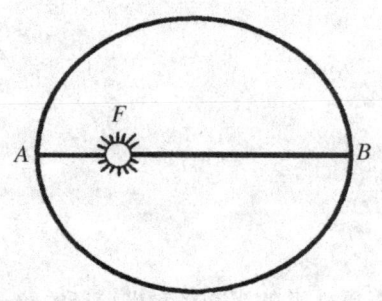 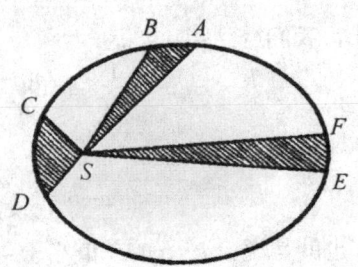

图 1-19 如果地球的运动轨道的偏心率是 0.5，那是什么样的椭圆

图 1-20 开普勒第二定律：如果行星经过弧长 AB、CD、EF 的时间相同，阴影的面积也相等

由于 FB 的长度是 FA 的 3 倍，所以 7 月的太阳距离我们的高度是 1 月的 3 倍。因此，1 月时太阳的视直径是 7 月的 3 倍，接收到的太阳发出的热量是 7 月时的 9 倍（热量和距离的平方成反比）。在这种情况下，北半球的冬季是什么样子的呢？那时，太阳在天空中的位置会变低，白天比较短，黑夜较长，但不会太寒冷，因为太阳的距离很近，可以抵消照射短的问题。在这里，我们还要说一下开普勒的第二定律：在相同的时间内，向量半径经过的面积相等。

轨道的"向量半径"是一条直线，连接着太阳和运行的行星。由于地球沿着轨道运行，所以向量半径也随着运动，一段时间后，会覆盖一块面积。根据开普勒的第二定律可以知道，不管向量半径的长短如何，相同的时间内，各个部分的面积相等。当地球距离太阳比较近的时候，运动速度比较快，反之亦然。否则，在相同的时间内，所经过的面积就不相等了（见图 1-20）。

把这个定律运用到我们假设的轨道上，得到这样的结论：从 12 月到 2 月的这段时间里，地球的运行轨道距离太阳比较近，速度要比 6～8 月的时候快一些。也就是说，在北半球，冬天的时间比较短，而夏天比较长，因此，地球上得到的热量要多一些。

图 1-21 就是根据假设情况画出来的季节长短图，图中的椭圆是地球的运行轨道，椭圆的偏心率是 0.5。数字 1～12 将椭圆划分成 12 段，地球走过各段所用的时间相等。这 12 个点和太阳的连线就是向量半径，根据开普勒第二

定律可知，向量半径把椭圆分成的 12 个部分的面积都相等。

1 月 1 日时，地球位于点 1；2 月 1 日时，地球位于点 2；3 月 1 日时，地球位于点 3，以此类推。从图中可以看出，春分（A 点）应该在 2 月的上旬，而秋分（B 点）在 11 月下旬。也就是说，北半球的冬季从 11 月底开始到 2 月初结束，还不到 3 个月的时间。从春分到秋分这段时间，白天长且正午太阳高，竟然长达 9 个半月。

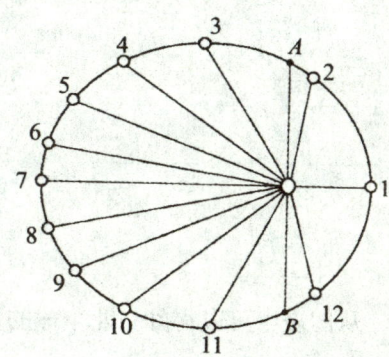

图 1-21 假设中的地球运行轨道，相邻数字间的距离是地球在相同的时间内走过的距离

在南半球，情况则正好相反。白天短且太阳低的季节，和地球远离太阳的时候重合，此时接受到的太阳的热量是太阳较近时候的 $\frac{1}{9}$；而白天长且太阳高的季节，太阳照射的强度是太阳较低时的 9 倍。冬季的时候，南半球比北半球干燥得多，周期也长；夏季虽然比较短暂，却异常炎热。

这个"假如"还有一个后果：1 月份的时候，地球的运行速度很快，造成真正的中午和平均中午的时间差很大，可以相差几个小时。如果还使用我们现在的太阳平均时间计时的话，将会非常不方便。

现在，我们已经明白太阳位于地球运行轨道上的偏心位置对于我们的影响。北半球的冬季比南半球的短，而且暖和；夏季比南半球的长。那么，现实生活中可以观察到这样的现象吗？当然可以。地球 1 月比 7 月离太阳近大约近 $2 \times \frac{1}{60}$，也就是 $\frac{1}{30}$。因此，在 1 月里，地球从太阳那里得到的热量是 7 月的 $(\frac{61}{59})^2$ 倍，也就是比 7 月多 7%，可以稍微缓和一个北半球的严冬。另一方面，北半球的秋冬二季比南半球要短 8 天，相应地，春夏二季会长 8 天。也许，这可以用来解释为什么南极的冰雪比北极多。下面的表格显示了北半球和南半球的四季的长短：

35

| 北半球 | 四季长短 | 南半球 |
|---|---|---|
| 春季 | 92 日 19 时 | 秋季 |
| 夏季 | 93 日 15 时 | 冬季 |
| 秋季 | 89 日 19 时 | 春季 |
| 冬季 | 89 日 0 时 | 夏季 |

从图表中可以得知，北半球的夏季比冬季要长 4 日 15 小时，春季比冬季要长 3 日 19 小时。

不过，北半球的这种情况不是永远不变的，因为地球运行轨道的长径在缓慢地移动：它会把地球距离太阳最远和最近的点带往别处，运动一周需要的时间是 21 000 年。根据计算得知，到公元 10 700 年的时候，上面所说的北半球的情况就会在南半球发生。

地球的偏心率也不是固定不变的，它也在慢慢地发生变化：从开始的 0.003（那时地球的运行轨道几乎是圆形）一直到最后的 0.077（此时的地球运行轨道最扁长，近似于火星轨道）。现在，地球的偏心率在逐渐减小，24 000 年后达到最小值 0.003；然后，就开始变大，持续的时间是 40 000 年。这种缓慢的变动，只有在理论上才是有意义的。

## 1.15 中午和傍晚哪个时候离太阳近？

如果地球的运行轨道是圆形，那么太阳就是圆心，上面的问题很容易回答：中午的时候距离太阳比较近，因为那个时候地球表面的物体对着太阳。位于赤道上的物体，中午时比傍晚时离太阳近 6 400 千米（地球半径的长度）。

不过，地球的运行轨道不是圆形，而是椭圆，太阳位于椭圆的一个焦点上（见图 1-22）。因此，地球有的时候距离太阳比较近，有的时候距离太阳比较远。在上半年（从1月1日到7月1日），地球离太阳越来越远；下半年，地球到太阳的距离越来越近。最大距离和最小距离差 $2 \times \frac{1}{60} \times 150\,000\,000$ 千米，也就是 5 000 000 千米。把这个距离平均到每一个昼夜，大约是 30 000 千米，从中午到日落的这段时间，地球表面的各点到太阳的距离，平均变化是 7 500 千米左右，比地球自转的距离还大。

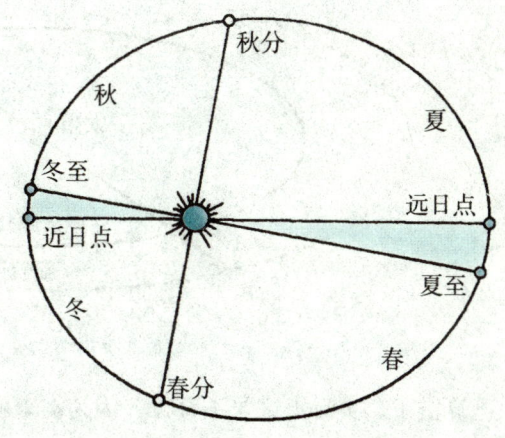

图 1-22 地球的运行轨道

因此，上述问题的答案是：1月到7月的时候，我们中午离太阳比较近；下半年，傍晚离太阳比较近。

## 1.16 距离再加一米

**题**

地球在 150 000 000 千米的地方绕着太阳运动，如果这个距离再增加 1 米，地球绕着太阳运行的速度不变，那么，地球绕太阳的轨道增加了多少？一年的长短又会发生什么样的变化呢（见图 1-23）？

**解** 1米这个数值看起来不大，如果我们想到地球的运行轨道很长，可能会认为，增加的这 1 米会使地球的运行轨道增加很多，一年的时间也会增加不少。

不过，计算后我们会发现，增加 1 米不会产生大的影响，我们甚至怀疑自

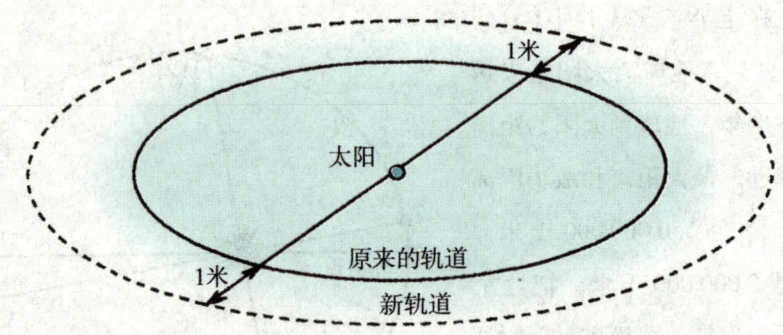

图 1-23 地球到太阳的距离增加 1 米，轨道的长度增加多少呢

已算错了。实际上这并不奇怪，因为本来就应该这样。两个同心圆的周长差，不是由它们的半径决定的，而是决定于它们的半径之差。如果我们在纸上画两个圆，它们的半径相差 1 米，那么，它们周长的差值和题中地球运行轨道的差值是一样的。这一点，我们可以通过计算来证明。假设地球的运行轨道是圆形，半径是 $R$ 米，那么，它的周长就是 $2\pi R$ 米。半径增加 1 米后是 $(R+1)$ 米，周长就是 $2\pi(R+1)=(2\pi R+2\pi)$ 米。因此，新的轨道增加的长度是 $2\pi$ 米，也就是 6.28 米，和半径的大小无关。

所以，当距离增加 1 米后，地球绕着太阳运行的轨道只增加 6.28 米。由于地球绕着太阳的运行速度是 3000 千米／秒，这么小的长度不会对地球的运行产生什么影响，一年的时间也只是增加了 $\frac{1}{5000}$ 秒，人们显然不会察觉这个变化。

# 1.17 换个角度来看

一件东西从手中落下去，你会看到这件东西垂直落在地面上。如果有人告诉你，另一个人看到这件东西的下落路线不是直线，你一定会觉得很奇怪。其实，如果观测者没有随着地球转动，他看到的的确不是直线。

在图 1-24 中，一个铁球从 500 米的高空自由落下，在下落的过程中，它

图1-24 站在地球上的人看来,自由下落的物体沿着直线运动

当然参与了地球的运动。我们感觉不到这个附加运动的原因是，我们也在随着地球运动。如果我们观察的地方不受地球的影响，就会看到物体不是垂直下落的，而是沿着不同的路线。

如果我们的观察点不是地球，而是月球，会看到什么样的情况呢？虽然月球跟着地球围绕着太阳旋转，但月球没有沿着地球的轴运动。因此，如果从月球上观察下落的物体，会发现物体作两种运动：垂直下降和沿着跟地面相切的

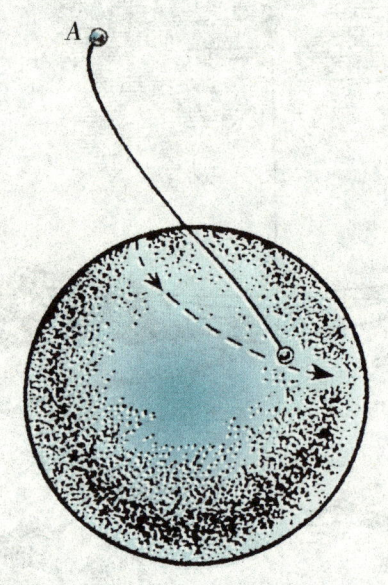

图 1-25 月球上观察到的物体的运动轨迹

方向向东运动，后一种运动是站在地球上的人发现不了的。当然，物体的运动是这两种运动合起来的结果，由于下落的速度越来越快，而向东的运动是匀速的，所以物体运动的轨迹是曲线。图 1-25 的曲线，就是从月球上观察到的物体的运动轨迹。

我们进一步来讨论这个问题：假如我们带着倍率极大的望远镜，站在太阳上观察铁球在地球上的自由落体运动，又会出现什么样的情况呢？当我们站在太阳上的时候，就不再参与地球的自转，也不参与地球绕着太阳的公转。这时，

我们会看到物体作三种运动：

（1）朝着地球表面的垂直运动；

（2）沿着跟地面相切的方向向东运动；

（3）围绕着太阳的运动。

第一种运动物体自由下落的高度是 500 米；第二种运动物体运动的时间是 10 秒，参考莫斯科的纬度，运动的距离是 0.3×10=3 千米；第三种运动的速度最快，每秒钟高达 30 千米，因此在 10 秒钟的时间里，物体绕着地球轨道运动了 300 千米。相对于前两种运动而言，第三种运动更加明显。不过，由于我

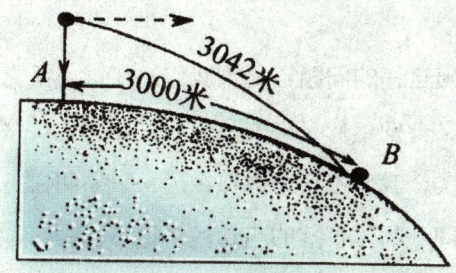

图 1-26 落向地面的物体还要沿着跟地面相切的方向运动

们是站在太阳上，所以我们只能看到最明显的运动。那么，这时我们会看到什么呢？图 1-27 所示，就是我们看到的大致情况（这里没有按比例画）。地球在向左运动，物体从右边的一点移动到左边的一点，稍微向下运动了一些。在此，我们特别强调没有按比例画：因为在 10 秒钟内地心移动了 300 千米，而不是 10 000 千米。

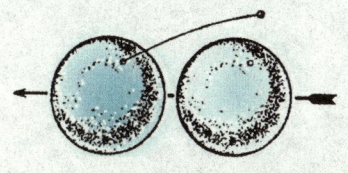

图 1-27 从太阳上观察到的地球上物体作自由落体运动

# 第1章 地球和它的运动

我们再进一步讨论这个问题：如果我们不是站在太阳上，而是站在其他的恒星上，我们就摆脱了太阳的运动。因此，除了前面说到的三种运动，我们还会发现第四种运动：物体相对于我们所处的那个恒星的运动。第四种运动的大小和方向，取决于我们所选的恒星，也就是要看整个太阳系和这颗恒星的运动状况。图1-28是一种假想的情况：从我们所站的恒星来看，太阳系的运动和地球运动轨道相交成锐角，运动的速度是100千米／秒（的确存在这样的速度）。因此，在10秒内，这样的运动会使下落的物体跟着它走1 000千米，物体的运动路线会更加复杂。如果我们换另一颗恒星，物体的运动又会发生变化。

我们还可以提出这样的问题：如果我们站在银河系之外观察，那么，地球上下落物体的运动又会发生什么样的变化呢？要知道，这时的观察者不再参与银河系的运动。其实，我们不用考虑那么远，只要明白一点就可以了，那就是观察的角度不同，同一物体下落的运动线路也不相同。

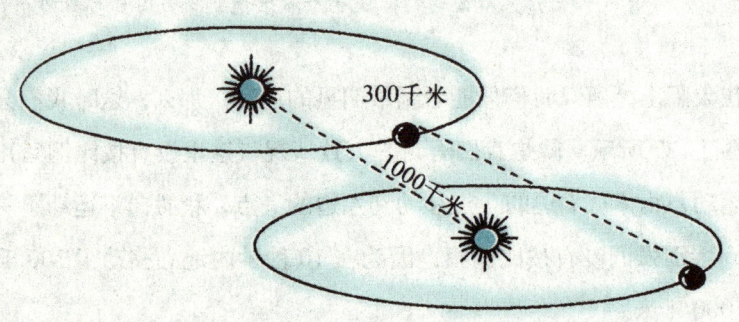

图1-28 从遥远的恒星上观察到的地球上物体的下落的路线

# 1.18 改变地球钟

你工作了一个小时,然后休息了一个小时,这两个时间相等吗?大多数的人会认为,如果使用最好的钟表来测量时间的话,那就一定相等。但是,什么样的钟表才是最准确的呢?答案是根据天文观测的数据来校正时间的钟表。也就是说,跟地球的匀速旋转运动完全相符的钟表最准确,在绝对相等的时间内,转过的角度是相同的。

不过,你怎么知道地球的旋转是匀速的呢?又为什么会相信地球的两次自转的时间一样长呢?如果我们测量时间的依据是地球的自转,那就无法找到问题的答案。

近几年,一些天文学家希望用别的测量时间的标准代替一直以来所认为的地球匀速自转的想法。接下来,我们分析一下要改变的原因,以及由此产生的结果。

通过仔细的观察我们发现,某些天体的运行并不像理论中那样,但细微的差别又无法用天体力学的规律来解释。月球和水星的运动、地球绕着太阳的运动、木星的第一卫星和第二卫星的运动,都出现了这种情况。例如,月亮真实的路线和理论路线角度的偏差有时高达$\frac{1}{4}$分。对这些情况进行分析后,我们发现了共同点,那就是所有的运动在某一时刻会加快,在接下来的某一时刻又慢了下来。这时,我们会产生这样的疑问:是不是同一个原因造成了这种偏差?这个原因跟地球的不匀速自转有关系吗?

曾经,有些人提出放弃"地球钟",改用其他的自然钟来测量研究对象的运动。其他的自然钟指的是根据木星的某一个卫星的运动,或者是月球、水星的运动,转换后能够准确地测量出上述天体的运行情况。然而,新的钟表测量出的地球自转不是匀速的,它的运动在几十年内变慢了一些,在接下来的几十年内又会变快些，然后再慢下来。例如，1897 年的一昼夜比以前年份中的一昼夜长 0.0035 秒，而 1918 年的一昼夜比 1897～1917 年的一昼夜短 0.0035 秒，我们现在的一昼夜比 100 年前大约要长 0.002 秒。

因此我们可以说，即使太阳系中某些天体的运动是匀速的，但地球相对于它们的运动却不是匀速的。不过，和真正意义上的匀速运动相比，地球运动的偏差是很小的：1680～1780 年，地球自转的速度比较慢，昼夜变长，地球的累积差额是 30 秒；到 19 世纪中叶，昼夜变短，这个差额缩小了 10 秒；到 20 世纪初，差额又减少了 20 秒；20 世纪的前 25 年，地球的运动再次变慢，昼夜也变长，因此，差额又累积到了 30 秒（见图 1-29）。

变化的原因可能是：月球的引潮力，地球直径的改变①，等等。将来如果能够准确地解释这种现象，肯定是一个重大的发现。

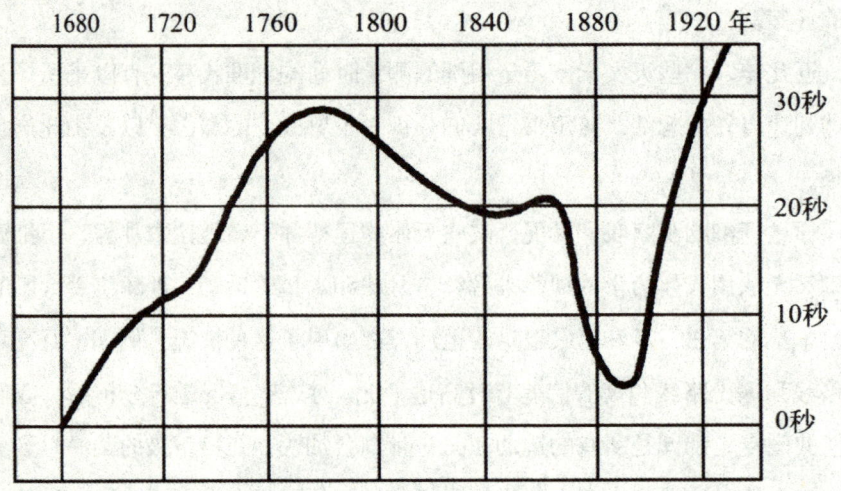

图 1-29 图中的曲线是从 1680 年到 1920 年地球自转的情况，曲线上升表示地球自转变慢，昼夜变长，反之亦然

---

① 如果直接测量，只能精确到 100 米，无法测出地球直径的变化。但是，只要地球的直径改变几米，就足以引起地球自转速度的变化。

## 1.19 日界线

莫斯科的时钟敲了 12 下,预示着元旦来临了。这时,莫斯科以西的地方还是除夕,莫斯科以东的地方却是元旦了。由于地球的形状是圆的,东方和西方就可能相遇,因此应该有一个分界线,把除夕和元旦分隔开。

其实,真的有这样的分界线,叫做"日界线"。它经过白令海峡,弯弯曲曲地穿过太平洋 180°经线附近,国际协定规定了它的精确方向。

这是一条想象出来的线,而不是真实存在的线。在这条线上,开始了地球上的日期交替。这里是一切的起点,新年是从这里开始的,新的日子也是从这里开始的,然后向西走去,绕地球一周后,重新回到这里,最后消失不见。

苏联是世界上最早进入新的一天的国家:新的日子从白令海峡诞生后,马上就到了苏联的杰日尼奥夫角,然后进入居民的生活,开始了它的环球旅行。当它完成了 24 小时的任务后,会消失在苏联亚洲部分的最东方。

这样,日子的交替就在日界线上进行着。不过,最初航海旅行的冒险家不知道这条线,所以记不清楚日子。曾经跟着麦哲伦一起环游世界的安东尼·皮卡费达这样描述他们的航行:

"7 月 19 日,也就是星期三,我们到了绿角岛,抛下锚。为了确定我们的航海日志是否正确,我们派人上岸打听今天的日期。上岸的人告诉我们是星期四,这令我们惊讶万分。因为根据我们的日志,今天是星期三,怎么会相差一天呢?后来,我们才知道日志没有错。由于我们一直跟着太阳向西航行,当回到原点的时候,比当地人少过了 24 个小时,只有明白了这一点,才能确定岸上的人和我们都没有错。"

那么，为了不把日子弄错，现在的航海家驶过日界线的时候要做什么呢？当他们由东向西的时候，经过这条线后，就把日期向后一天；如果他们是自西向东航行，穿过这条线后，就把日子重复一天，也就是说该日期要过两天。由此可知，儒勒·凡尔纳在小说《八十天环游世界记》中描述的故事是错误的。书中的内容是这样的：冒险家周游完时间回到家乡的日子是星期日，但那里的日子还是星期六。这种情况只会出现在麦哲伦的时代，因为那时候还没有确定日界线。另外，爱伦·坡讲过的笑话——一个星期有三个星期日，这种情况不可能存在于现代。笑话的内容是：一个水手刚完成由东向西的环球航行，在家乡碰到自己的朋友，他刚完成了自西向东的环球航行，他们中的一人说昨天是星期日，另一个人说明天才是星期日，而他们家乡的人们说，今天就是星期日。

为了在周游世界时不搞错时间，我们就应该这样做，往东走日期要计算得慢一些，让太阳赶上我们，也就是把一天计算两次；相反，往西走的时候就需要跳过一天，才能不落在太阳的后面。

虽然这些道理很简单，但在麦哲伦的时代过去了400多年后的今天，并不是每个人都非常明白。

## 1.20 2月有几个星期五

**题**

在2月里，最多会有几个星期五？最少几个？

一般情况下，人们的答案是：2月里最多有5个星期五，最少有4个。显然，如果闰年的2月1日是星期五，29日也会是星期五，一共有5个。

不过，当有人告诉你，2月里星期五的个数最多不是5个，而是10个，

你会怎么想呢？觉得不可思议，或者他在跟你开玩笑？但是，真实的情况的确这样。假如有一条船在西伯利亚东海岸和阿拉斯加之间航行，总是在星期五从西伯利亚东海岸出发。如果这一年是闰年，2月1日正好是星期五，这条船上的船长会遇到几个星期五呢？由于他是由西向东行驶，在星期五这一天穿过日界线，因此，他一周会碰上两个星期五，整个2月就是10个星期五。相反，如果船长在星期四从阿拉斯加出发去西伯利亚东海岸，计算的时候就会跳过星期五，这样一来，在2月里他不会遇到一个星期五。

所以，这个问题的正确答案是：在2月里，最多会有10个星期五，最少一个也没有。

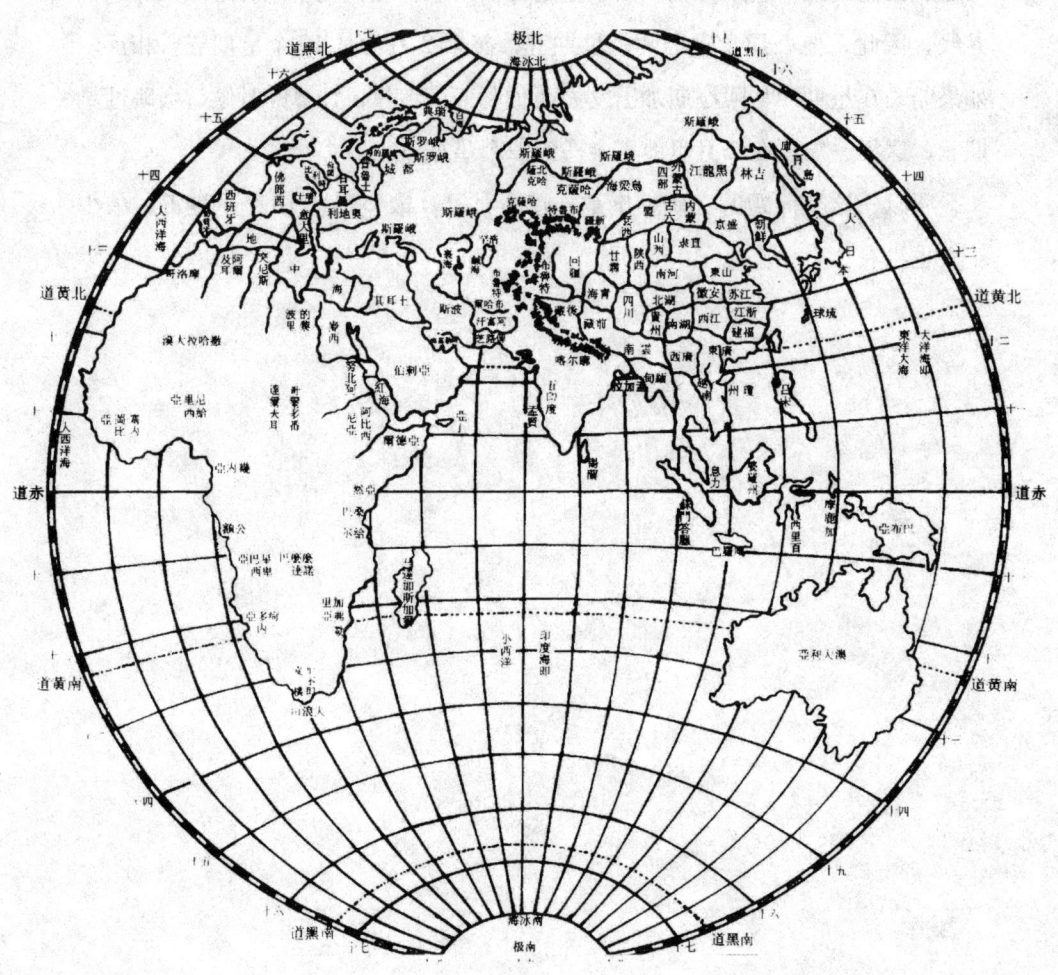

民国时期的世界地图

# 第2章

## 月球的运动

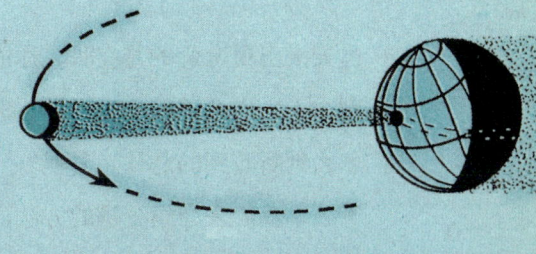

第2章 月球的运动

## 2.1 新月和残月

当天上出现弯弯的月亮时,你能分辨出它是新月还是残月吗?新月和残月的区别在于它们凸出的方向,北半球的新月向右凸出,而残月向左凸出。那么,我们怎么判断看到的是什么月呢?

下面,我们来介绍分辨的方法。

由于月牙和字母 P 和 C 比较相似,我们可以借助它们,简单地区分新月和残月(图 2-1)。

图 2-1 区分新月和残月的方法 字母 p 和字母 C

法国人有自己的分辨方法:在头脑中想象出一条直线,用这条直线连接弯月的两个角,这样就得到了拉丁字母 d 或者 p。d 是法语 dernier(意思是后)的第一个字母,表示残月;P 则是法语 premier(意思是第一)的第一个字母,表示的是新月。德国人也是用类似的方法判断是新月还是残月。

不过,这些判断方法只适用于北半球。在澳大利亚或者德兰士瓦,情况则刚好相反。即使是在北半球,上面的方法也不能用于赤道附近。在克里米亚和外高加索地区,弯月是倾斜的,在更南的地区,弯月则是横卧着。赤道附近的弯月就像挂在地平面上,有时如同海洋上飘荡的小船,有时又像闪闪发光的拱门。在这里,字母的判断方法完全不适用。因此,古罗马人把斜月称为"虚幻的月亮"。在这样的情况下,只能用天文学上的方法判断新月和残月:黄昏的时候,在西边出现的是新月;清晨,出现在东边的是残月。

## 2.2 月亮的位相

我们都知道，月亮的光来自于太阳，所以凸出的一面应该朝着太阳。但是，有时候画家会忘记这一点，出现错误的风景画，如图2-2所示：弯月呈凹面状对着太阳，一角指向太阳。

应该指出的是，要画出一轮弯月并不是一件简单的事情，甚至经验丰富的画家也会把弯月的内弧和外弧画错（见图2-3b）。实际上，只有弯月的外弧是半圆形，内弧是月球被太阳照亮的那一部分边缘的投影（见图2-2a）。

弯月在天空中的位置很难确定，就连半月的位置也令人迷惑不解。由于月亮的光来自太阳，按理说从太阳到弯月两个角连线中心点的直线，应该垂直于弯月两个角的连线(见图2-4)。也就是说，太阳的中心位于弯月两个角连线的中垂线上。但是，只有极其细狭的娥眉月才

图2-2 找出画上的错误

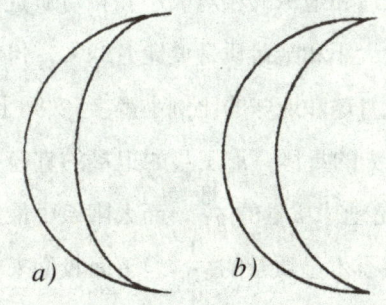

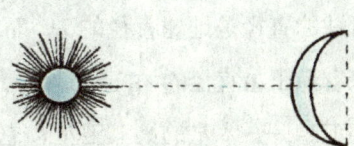

图2-3 a是正确的弯月，b是错误的

图2-4 弯月和太阳的相对位置

是这样。图 2-5 显示的是不同相位的月亮和太阳的相对位置，可以看出，在太阳光没有照到月亮上之前，就产生了折曲。

图 2-5 不同相位的月亮和太阳的相对位置情况

为什么会这样呢？原因是：从太阳射到月亮上的光线，的确是垂直于弯月两角连线的那条直线，这一条线是直线。但是，我们看到的并不是这一条线，而是它在天空中的投影，那是一条曲线，这也是我们觉得月亮位置不对的原因。画家只有了解了这些特点，才能够画出正确的日月图。

## 2.3 地球和月球

地球和月球被称为孪生星体，这样称呼它们的原因是，和其他行星的卫星相比，地球的卫星有着特殊之处，那就是月球和地球的相对大小和相对质量都很大。太阳系中的其他卫星，有一些的绝对大小和绝对质量要比月球大，但它们跟所属的行星的相对大小和相对质量却比月球和地球的比例小得多。实际上，月球的直径是地球直径的 $\frac{1}{4}$，而其他比例最大的星体，海王星的卫星的直径也只有海王星直径的 $\frac{1}{10}$。另外，月球的质量是地球质量的 $\frac{1}{81}$，而太阳系中最重的卫星——木星的第三卫星，它的质量还没有木星质量的 $\frac{1}{100}$。下面我们来看一下，几大卫星和它们从属的行星的质量比率关系：

| 行星 | 卫星 | 卫星质量和行星质量比率 |
|---|---|---|
| 地球 | 月亮 | 0.0123 |
| 木星 | 甘尼密德 | 0.0008 |
| 土星 | 泰坦 | 0.00021 |
| 天王星 | 泰坦尼亚 | 0.00003 |
| 海王星 | 特里屯 | 0.00129 |

从上面的表格中可以看出，月球的质量和地球质量的比率是最大的，比其他的卫星质量和其从属的行星质量的比率都大。

我们将地球和月球称为孪生星体的另一个原因是：它们之间的距离很近。许多卫星和它们从属的行星的距离都很远，例如，木星的第九卫星和木星的距离是月球和地球距离的65倍（图2-6）。

图2-6 月球和地球的距离与木星的卫星到木星距离的比较

此外，还有一个相关的事实，那就是月球绕着太阳运动的轨道和地球的运行轨道差别很小。如果大家想到，月球是在距离地球400 000千米的地方绕着太阳运行的，可能会觉得上面的话有问题。但大家不要忘了，当月球绕着太阳旋转一周时，地球带着它走了全部路程的$\frac{1}{13}$，也就是70 000 000千米。月球绕着地球旋转一周的长度大约是2 500 000千米，把这个圆形路线扩大30倍，那会是一个什么样的图形呢？肯定不再是圆形了。这就说明了，为什么月球绕着地球旋转的路线几乎可以和地球自身的路线重合，只有12段凸出的部分。通过计算可以得知，月球的凸出是朝着太阳的（此处不再赘述这个算法）。简单来说，它看起来像是有着圆角的十二边形。

图2-7显示的是地球和月球在一个月内走过的路线，虚线是地球的运动路线，实线是月球的运动路线。这两条线路非常相近，如果想分开它们，就得

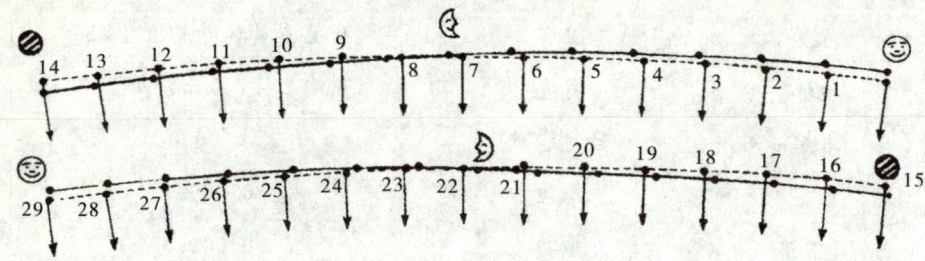

图 2-7 月球（实线）和地球（虚线）在 1 个月中绕太阳的运动路线

使用比较大的比例尺：图 2-7 中，地球运动轨道的直径是 0.5 米。如果我们将地球的直径画成 10 厘米，那么，这两条线之间的距离会更窄。看到这张图后，大家就可以相信，地球和月球的运动轨道极其相似，所以天文学家才把地球和月球称为"孪生星体"[①]。

因此，如果站在太阳上观察可以看到，月球绕着太阳的运动轨道差不多和地球的重合，但是又有略微凸出的波浪线。不过，这和月球绕着地球的运行没有冲突。

在地球上，我们无法发现月球跟着地球在地球轨道上前进，那是因为我们自己也在作这样的运动。

## 2.4 月球为何不会掉到太阳上去？

这个问题看起来有些莫名其妙，月球为何要落到太阳上去呢？我们知道，月球离地球近，离太阳远，受到地球的引力比太阳的引力大，当然要围绕着地球运动。

---

[①] 仔细观察图 36 会发现，月球的运动不是绝对匀速的，事实的确如此。月球绕着地球运行的轨道是椭圆形，地球位于一个焦点上。根据开普勒第二定律可知，月球距离地球较近时，速度比较快，反之则较慢。另外，月球轨道的偏心率很小，只有 0.055。

然而，真实的情况不是这样的，而是太阳对月球的引力要比地球对月球的引力大。

我们可以通过计算证明这一点。现在我们比较太阳和地球对月球引力的大小。吸引月球的物体的质量和月球到物体的距离，这两个因素决定了对月球引力的大小。太阳的质量是地球质量的 330 000 倍，而月球到太阳的距离是月球到地球距离的 400 倍。由于引力跟距离的平方是反比关系，所以太阳对月球的引力是地球对月球的引力的 $330\,000 \times \left(\dfrac{1}{400}\right)^2 = \dfrac{330\,000}{160\,00.0}$ 倍，也就是 2 倍多。

既然这样，为什么月球没有被太阳吸引过去，仍是绕着地球旋转呢？为什么太阳的引力大，反而无法占上风呢？

原来，月球不会落到太阳上去的原因，和地球不会落到太阳上去的原因一样。当月球和地球绕着太阳运行时，太阳对它们的引力使它们本来想要直线前进的路线变为现在的曲线轨道，也就是说，太阳的引力把直线运动改成了曲线运动。

可能读者还有这样的疑问，既然太阳对月球的引力大，为什么月球不会靠近太阳？为什么月球要跟着地球绕着太阳运动，而不是脱离地球直接绕着太阳运动呢？如果太阳只是吸引月球的话，这的确是一件非常奇怪的事情。实际上，太阳同时吸引着地球和月球这一对"孪生星体"，而且不干涉它们的内部运动。严格来说，太阳吸引的是地球和月球这两个天体合在一起形成的系统的重心，而绕着太阳旋转的也是这个重心。这个重心位于地球中心和月球中心的连线上，到地球中心的距离是地球半径的 $\dfrac{2}{3}$。另外，地球的中心和月球也会绕着这个重心运动，每个月转一周。

# 第 2 章 月球的运动

## 2.5 月球的两面

用立体望远镜观察各种星体，最吸引人的是月球，这时你会亲眼看见，月球是一个球形。然而，我们在天空中看到的月球却是平面状的，犹如一个盘子。

可是，要拍摄到月球的实体照片是非常困难的，必须深入研究月球变幻莫测的运动规律。

实际上，月球在绕着地球运动的时候，朝着地球的永远是一面，与此同时，它还在作另一种运动，绕着自己的中轴旋转。

图 2-8 显示的是月球绕着地球的运行轨道，图中特意凸出了椭圆轨道，偏心率比实际的 0.055 要大很多。在比较小的图形中，我们的肉眼根本无法分辨轨道是圆还是椭圆。就算把椭圆的半长径画成 1 米，半短径也仅仅比半长径短 1 毫米，而地球到月球轨道中心的距离只有 5.5 厘米。图中特意凸出椭圆的延伸度，是为了方便下面的分析。

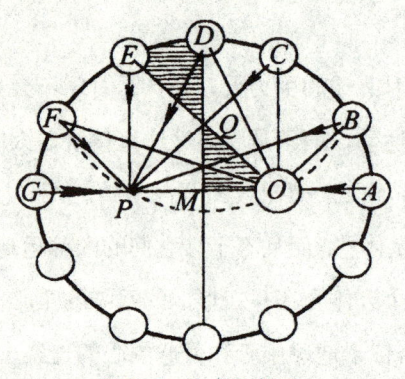

图 2-8 月球运行图

我们假设图 2-8 的椭圆就是月球绕着地球运行的轨道，地球位于椭圆的一个焦点 O 处。开普勒定律不仅适用于行星绕着太阳的运行，也适用于卫星绕着行星的运行。根据开普勒第二定律可知，走完 AE 这段路程需要的时间是 $\frac{1}{4}$ 个月，因此，图形 OABCDE 的面积是整个椭圆面积的 $\frac{1}{4}$，也和图形 MABCD 的面积（在椭圆中，由于 MOQ 的面积=DEQ 的面积，所以 MOQ + OABCD=DEQ + OABCD，即 MABCD=OABCDE）相等。因此，在 $\frac{1}{4}$ 个月里，月球从 A 运动到了 E 点，运动的弧线大于 90°，所以 E 点的投影不是 M，而是 M 点左边的 P，P 点在椭圆的另一个焦点附近。此时，由于月球表面偏离了地球上的观察者一点点，因此观察者能看见原来看不见的右半部分的一小部分，即呈娥眉样的边缘。当月球位于 F 点时，观察者能看见平时看不见的右半部分的更窄的一部分，因为 ∠OFP 小于 ∠OEP。在轨道的远地点 G 点时，月球的情况和近地点 A 点相同。在接下来的运行中，月球的另一面开始对着地球，地球上的观察者可以看见月球不可见部分的另一小部分，这部分开始时逐渐扩大，然后在慢慢减小，月球回到 A 点时又恢复了原来的位置。

由于月球绕着地球的运行轨道是椭圆形，所以月球朝着地球的那一面会发生变化。实际上，月球不是以永远相同的一面对着地球，而是朝着运行轨道上的一个焦点。对我们来说，就像一个来回摇摆的天平，天文学上把这种摇摆称为"天平动"。天平动的大小用相应的角度来表示，例如，E 点的天平动等于 ∠OEP，天平动的最大值是 7°53′，接近 8°。

接着，我们观察天平动的角度随着月球的运动会发生怎样的变化。以 D 为圆心，过点 O 和 P 画一条弧线，这条弧线会通过轨道上的 B 点和 F 点。∠OBP 等于 ∠OFP，且等于 ∠ODP 的一半。在 B 点时，天平动的值是最大值的一半，然后开始慢慢增加。在从 D 点到 F 点的运动过程中，天平动的值开始时慢慢减小，然后减小的幅度变大。在椭圆的下半段轨道上，天平动的改变情况和上半段的一样，但方向相反（天平动在轨道各点上的大小，大约跟月球到椭圆形长径的距离成正比）。

我们刚才说的是月球的"经天平动"，月球还有一种"纬天平动"。由于月球绕着地球运行的轨道平面和月球赤道平面的夹角是 6.5°，因此我们站在地球上观察月球时，有时从南面略微瞥见月球不可见的那一面，有时又可以从北面瞥见一点。这种纬天平动的最大值是 6.5°。

现在我们来分析，天文学家是怎么利用这些微摆动来拍月球的实体照片的。大家也许想到了，要想拍到月球的实体照片，选择的两个位置之间的角度要足够大，例如，$A$ 点和 $B$ 点，$B$ 点和 $C$ 点，$C$ 点和 $D$ 点等，类似适合拍照的点很多。这时，我们又遇到了新的问题，月球处于这些位置的时候，位相在 $1.5\sim 2$ 昼夜的时间内变化太大，这就使月球发光部分的边缘在照片上显示的不是阴影，而是如银子般光亮。为了拍到相同相位的相片，拍摄者需要等待一段时间。这些相位的经天平动在大小上应该使发光部分的边缘处于同样的月面，而且，前后两次月面的纬天平动也必须完全相同。

现在大家就明白了，要拍到一张月球的实体照片多么困难。因此，当大家听到这样的事情，在一对月球的实体照片中，一张拍摄完后，另一张会在好几年后才能完成，也就不会觉得奇怪了。

当然，我们讲解月球的实体拍摄方法，并不是为了让读者去拍摄月球的实体照片，而是让大家了解月球运动的特点，让天文学家观察到平时见不到的那一面中的一小部分。由于月球有两种天平动，所以我们能看见的不只是月球的一半，而是月球的 59%，剩余的 41% 是看不见的部分。谁也不知道看不见的那一部分是什么样的，我们只能根据看见的这一部分去推测，这两部分之间不会有大的差别[①]。天文学家尝试着把月球上的山脉从看得见的这部分向看不见的那部分延伸，希望借此画出看不见的那一部分的细节来。不过，这些毕竟是想象，事实是怎么样我们不知道，现在还没法证实。在此，我们说的是"现在"，而不是将来，那是因为未来人们就能够借着特殊的飞行器，脱离地球的引力，飞到月球上去，这个设想一定能够实现。目前，我们知道的一个事实是：在月球上看不见的那一面，不可能有水和空气，因为月球的这一面没有，另一面也不会有（后面我们还会讲到）。

---

① 现代的空间探测证实，月球另一面的主要结构是高地，与我们看得见的一面有着巨大的区别，这个现象的成因还是一个未解之谜。——编者注

# 2.6 地球的第二卫星和月球的卫星

在报纸上，我们不时就会看到这样的消息：某某观测者发现了地球的第二卫星。虽然这些消息从来没有得到过证实，但这个话题一直在持续着。

关于地球有着第二卫星的说法不是近几年才出现的，它有着不短的历史。在凡尔纳的小说《环游月球记》中，就提到过第二卫星。地球的这个卫星的体积很小，但运行的速度很快，所以地球上的人无法看到它。凡尔纳说过，法国的天文学家蒲其曾经猜测过它的存在，还将它绕着地球运动的周期确定为3小时20分钟，到地球的距离是8140千米。不久后，在英国的杂志《知识》中，有一篇关于关于凡尔纳所说的天文学的文章，认为蒲其的观点是错误的，就连这个人都是虚构的。事实上，任何的百科全书中，都没有出现过这个名字。19世纪50年代，图卢兹天文台的台长蒲其确实发现了绕地球一周需要3小时20分钟的流星，它到地球的距离是5000千米，而不是8140千米。当时，只有少部分天文学家同意这种观点，不久后就被遗忘了。

从理论上讲，如果真存在地球的第二卫星，那么，不应该在它经过月面或者日面的时候才能被看到。

如果这个卫星距离地球非常近，以至于它的每一次运转都被淹没在地球的阴影里，但在黎明或者黄昏的时候，总会在空中看见一颗发光的星星。由于它运转的速度很快，来往比较频繁，因此更容易被发现。而且，日全食出现的时候，它绝不可能逃过天文学家的眼睛。

总之，如果地球真的有第二卫星，人们肯定会不时见到它。然而，从来没有人见过它，所以没有这样的卫星。

除了这个问题之外，还有第二个问题：月球有没有自己的卫星呢？

不过，这个问题没有办法直接来说明，天文学家穆尔顿曾说过这样的话：

"满月的时候，太阳照到月球上的光使得人们无法看清月球附近的非常小的天体。只有在月食的时候，月球的周围才不会被月光照亮，才有可能看清楚被太阳光照亮的月球的卫星。然而，天文学家做过无数的探测后，仍没有任何发现。"

## 2.7 月球上为什么没有大气？

有些问题反过来问会更容易理解，月球上为什么没有大气就属于这一类问题。在回答这个问题之前，我们先看这样的一个问题：为什么地球的周围有大气环绕着？我们都知道，空气是由不同的分子组成的，这些分子向不同的方向快速运动着。在 0℃ 的时候，空气中分子运动的平均速度大约是 0.5 千米／秒，和子弹的速度一样快。既然这样，为什么这些分子不会运动到太空中去呢？这个原因和子弹不会飞到太空中去的原因是一样的。分子运动产生的能力都用来克服地球的引力了，所以它们不会飞到太空去，而是围绕在地球表面。如果地球表面有一粒分子，垂直向上运动，速度是 500 米／秒，那么，这粒分子能够上升的高度是多少呢？我们知道，速度 $v$、高度 $h$ 和重力加速度 $g$ 之间的关系是：

$$v^2=2gh$$

把数字带入得到：

$$500^2=2\times10\times h$$

求出：

$$h=12\,500\text{m}=12.5\text{km}$$

通过计算得知，空气分子能够到达的最大高度是 12.5 千米，那么，在这个高度之上的空气分子又是怎么来的呢？要知道，空气中的氧气是在接近地面

的地方形成的,怎么会出现在500千米的高空呢?这个问题就像是这样的问题:既然人类的平均寿命是40岁,那么,80岁的人又是怎么出现的呢?统计学家告诉我们的答案和物理学家告诉我们的答案一样,那就是我们计算的是平均分子能够得达的高度,而不是某个具体的分子。实际上,0.5千米／秒是分子的平均速度,而具体分子的速度有的比这个速度快,有的比这个速度慢。只是,高于或者低于平均速度的分子的数量不多,而且差距越大,分子的数目就越少。在0℃的时候,一定体积的氧气中速度是400～500米／秒的分子占20%,速度是300～400米／秒的分子是20%,速度在200～300米／秒的分子占17%,速度是600～700米／秒的只有9%,速度是700～800米的分子是8%,只有1%的分子的速度是1300～1400米／秒,还有很小一部分(不到百万分之一)的分子的速度高达3500米／秒,这个速度可以使分子到达600千米的高空。由上面的计算公式得到:

$$3500^2=20h$$

求出:

$$h=\frac{12250000}{20}\text{m}$$

这就解释了为什么在几百千米的高空仍有氧气分子,这是由气体的物理特性决定的。但氧气、氮气、水蒸气、二氧化碳等分子的运动又不足以使它们逃离地球,飞到太空去,因为这个逃离的速度不能小于11千米／秒。在温度比较低的时候,只有极少数的分子才能达到这个速度,这就是地球周围存在大气的原因。在地球的大气中,质量最轻的气体是氢气,据统计,数万年才能使它的质量减少一半。因此,在几百万的时间里,地球上大气的成分和质量是不会发生什么变化的。

现在,很容易说明白,为什么月球上没有大气了。我们知道,月球上的重力是地球重力的$\frac{1}{6}$,因此,在月球上克服重力的速度也是地球上克服重力的速度的$\frac{1}{6}$,也就是2360米／秒。在不是太高的温度下,氧气和氮气的分子就能达到这个速度。所以,月球会不停地失去它的大气(如果曾经存在过)。根据气体分子速度分配定律得知，当高速的分子离开后，就会有其他的分子获得飞离月球的临界速度。这样一来，月球上失去的分子就会越来越多。在宇宙演变的漫长的时间里，只需要一小段时间，月球就会失去全部的大气。

通过数学演算可以证明，如果一个星体上大气分子的平均速度是临界速度的 $\frac{1}{3}$（月球就是：$2360 \div 3 \approx 790$ 米/秒），在短短的几周内，这个星体上的大气就会失去一半。想要吸引住大气层，气体分子的平均速度必须小于临界速度的 $\frac{1}{5}$。

曾经有人想过，当人类征服月球后，就可以在月球周围填充"人造大气"，使它适宜人类居住。现在，大家明白了，这并不是一件简单的事情。因为月球上没有大气层不是偶然的，也不是自然界随心所欲的结果，而是物理学法则造成的必然现象。

由此可知，在其他重力比较小的天体上，由于同样的原因，也不会存在大气层[1]。

## 2.8 月球的大小

关于月球的大小，当然用数字来表示比较准确：月球的直径（3500 千米）、表面积、体积。虽然在计算的过程中数字是不可缺少的，但数字不能帮助我们形象地了解月球的大小。因此，最好还是用具体的比较来说明。

首先，我们来讨论月球的大陆（其实，月球就是由连绵不断的大陆组成的）和地球的大陆。在图 2-9 中，我们能够有更直观的认识，比直接告诉我们月球的表面积是地球表面积的 $\frac{1}{14}$ 要好得多。其实，月球的表面积只比美洲的面

---

[1] 1948 年，莫斯科天文学家利普斯基证实，月球还有残存的大气，大气质量是地球大气质量的十万分之一。现代测量学证实，月球上残存大气的密度低于地球大气密度的一百亿分之一。——编者注

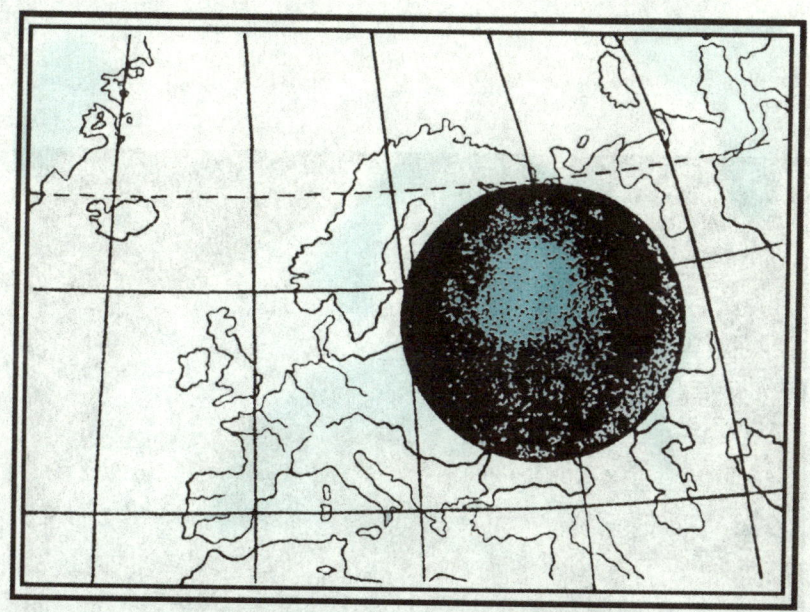

图 2-9 月球和欧洲大陆的比较（但我们不能由此得出，月球的表面积小于欧洲大陆的面积）

积小一点。而且，月球朝着我们那一面的表面积正好等于南美洲的面积。

为了清楚地比较月球上的"海"和地球上的海，在图 2-10 中，我们按照相同的比例把里海和黑海放到了月球的表面上。这样一来，我们就能清楚地知道，尽管月球上的"海"占的地方不少，实际上面积却不大。例如，月球上澄海的面积是 170 000 平方千米，但只有里海面积的 $\frac{2}{5}$。

不过，月球上有着庞大的环形山，这是地球上的山峰无法相比的。例如，月球上的格利马尔提环形山的面积比贝加尔湖的面积还要大，它能把比利时或者瑞士这样比较小的国家完全覆盖。

图 2-10 月球上的"海"和地球上的海的比较:里海和黑海的面积大于月球上所有"海"的面积。(图示:1——云海,2——湿海,3——汽海,4——澄海)

## 2.9 月球上的美景

在不同的书上,我们经常会见到月球表面的图片,也非常熟悉月面上的环形山或者环形口的轮廓(图2-11)。甚至,有些人已经用望远镜观察过这些山了,因为只要用直径为3厘米的小型望远镜就能看见这些山。

然而,不论是照片中的月球,还是望远镜中见到的景色,都不是站在月球上观察到的景色。如果观察者站在月球的山体附近,就会看到截然不同的风景。另外,在高处观察物体和在物体附近观察到的景色也是不一样的,我们用具体的例子来说明。在地球上用望远镜观察时,会发现爱拉托斯芬环形山的中间有一座高山,还可以看见这座山的轮廓。然而,当我们观察爱拉托斯芬环形山的侧影时(图2-12)会发现,该环形山的直径很大,大约是60千米,而中间那座山的高度却非常低。再加上存在斜坡,它的高度显得更低了。

图2-11 月面上的环形山

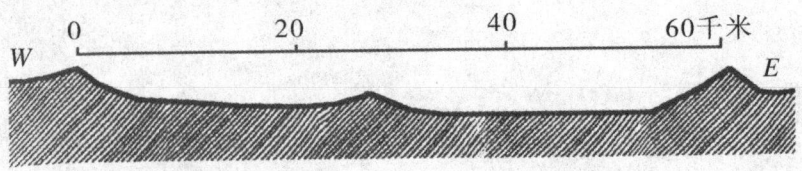

图 2-12 爱拉托斯芬环形山的剖面图

现在，我们设想正在这个环形口内行走，这个环形山的直径相当于从拉多加湖到芬兰湾的距离，这时就看不见环形山了，因为月面的凸起挡住了较低的部分，而月球上"地平线"的范围只有地球上的一半（那是因为月球的直径是地球短直径的$\frac{1}{4}$）。当观察者站在平地上观察四周时，看到的范围小于5千米，用地平线距离①公式表示就是：

$$D=\sqrt{2rh}$$

$D$ 表示的是距离，单位是千米；$h$ 代表观察者眼睛的高度，用千米表示；$R$ 是地球的半径，也用千米表示。

将有关地球和月球的数据代入上面的公式，得到这样的结论，一个中等身材的人能够看见的"地平线"的距离是：

在地球上的距离是4.8千米；

在月球上的距离是2.5千米。

图 2-13 所示的是，一个人在环形山口中看到的景象，这里的环形山不是上面说的爱拉托斯芬环形山，而是阿基米德环形山。站在山口看见的是非常辽阔的平地，地平线上是起伏不断的山脉，这和我们想象的月球上的风景大相径庭。

如果观察者来到环形山外面，他会看到什么景象呢？在图 2-12 中，爱拉托斯芬环形山外侧的斜坡如此平坦，看起来根本就不像山。这时，观察者会产生疑问，这些丘陵就是环形山吗，太难以令人相信了！而且，在环形山内部还

---

① 关于"地平面距离"的计算在《趣味几何学》的第六章有介绍。

图 2-13 在月面上环形山口看到的景色

有一个圆形的盆地，越过丘陵后才能看见它。不过，越过山岭后，我们的观察者仍然看不到类似于山的东西。

除了巨大的环形山，月球上还有许多小的环形山，站在月面上就可以看见它们。由于它们的高度非常低，观察者难以发现特别之处。不过，它们的名字和地球上的山体一样：阿尔卑斯、高加索、亚平宁等。它们的高度也可以和地球上的山一比高下，有的高达七八千米。由于月球比地球小得多，相应地这些山体就显得格外高大。

因为月球上没有空气，所以上面的阴影非常清楚，通过望远镜会看到一种有趣的现象：极小的凹凸会被放得相当大，呈现出极大的景象。如果把半颗豆子放在桌面上，凸面朝上，它的投影的长度有多长呢（图 2-14）？月球上的物体就是这样的，当太阳从侧面照向月球时，物体投影的长度是物体本身高度的 20 倍。

图 2-14 半颗豆子投影的长度

这种现象对天文学家的观察很有帮助，使用望远镜可以把月面上只有 30 米高的物体观察出来。不过，有时候我们也会把月球上的凹凸想得太大了，与真实的情况不符。

比如说，我们通过望远镜观察派克峰时，可以清楚地看见它的轮廓，这让

图2-15 在望远镜中观察到的派克峰非常险峻

我们想到它应该是一座非常险峻的高峰（图2-15），很多人都是这样认为的。然而，如果我们从月面上观察派克峰，就会看到截然不同的样子（图2-16）。

图2-16 在月面上看到的派克峰很平坦

另一方面，我们也可能低估了月面上的一些情况。在望远镜里，我们会看到月面上有一些小的狭缝，看起来可以忽略不计，我们就会把它们当作毫不起眼的风景。然而，当我们在月面上观察时，就会发现这是黑黢黢的深深沟壑，从我们的脚下延伸到看不到尽头的天边。例如，月球上有一个叫做"直壁"的地方，它隔断了月面上的一些平原。图2-17是我们通过望远镜看到的情况，这绝对不会使我们联想到它的高度是300米。当我们站在"直壁"的脚下,一定会觉得它非常雄伟壮观。图2-18是从侧壁脚下观察到的景象,它的一端延伸到月球的"地平线"之外,长度竟然达到100千米!

通过强大的望远镜看到的月面上的一些裂口,实际上是一些巨大的洞穴(图2-19),

图2-17 望远镜中的"直壁"

图2-18 站在"直壁"脚下观察到的峭壁

而不是我们想象中的微不足道的小孔。

图2-19 在月面"裂口"附近观察到的景象

# 2.10 月球上的天空

### 黑色的天空

如果一个人来到月球上,最吸引他的是三种不同寻常的景象。

首先,映入眼帘的是不同于地球上的白昼,它的颜色是黑色的,而不是地球上的青色。天空中有许多星星,同时还有太阳高挂着。月球上空的星星非常明亮,却不会像在地球上看到的那样闪烁,那是因为月球上没有大气。

法国天文学家弗兰马里翁曾经用生动的语言描述过大气的作用:

"阳光下的天空是蔚蓝色的,黎明时有着火红的晨曦,黄昏时有着壮观的晚霞,沙漠是一望无际的景色,田野和草原是绿色的海洋,还有和天空一样颜色的湖水……这一切美景都是因为地球周围有一层大气。如果没有了这一层大气,这些美丽的景色都会消失不见。没有了蔚蓝的天空,取而代之的是无边无际的黑色;不会有日出和日落,昼夜突然地瞬间交替;在阳光照不到的地方,不会有温暖的光线,只有直照的地方是明亮的,其他的地方都被浓浓的阴影笼罩。"

如果地球上的大气稀薄一些,天空的颜色就不会像现在这么青了。苏联的平流层飞艇"自卫航空化学工业促进会"号探险者,曾经在21千米的高空观察头顶上天空的颜色,发现差不多是黑色。弗兰马里翁所说的地球上失去大气层之后的景象,正好是月球上看到的情况:黑色的天空,没有晨曦,也没有晚霞,有的地方很明亮,有的地方是浓浓的阴影。

### 高悬天空的地球

月球上的第二道景象是,空中高高悬挂着的地球。当观察者站在月球上时,原本踩在脚下的地球,却高高地挂在空中,这是非常出人意料的情况。

在宇宙中,没有绝对的"上"和"下"之分,所以当我们在月球上见到头顶上的地球时,也没什么好惊讶的。

悬挂在空中的地球是一个非常巨大的圆面:它的直径是我们在地球上看到的月球圆面直径的约4倍。如果说地球上的物体在月光下已经很明亮了,那么,由于地球的圆面的面积是在地球上见到的月面面积的约14倍,所以月球上的物体会被照得更明亮。而且,天体的亮度不仅跟其直径有关,还跟反射能力有关,而地球的反射能力是月球的6倍,所以地球上的光照到月球上的亮度是月球满月时照到地球上的亮度的90倍①。这时,我们可以清楚地看见报纸上的小字。月面被照得这么明亮,使得站在地球上的我们都能朦胧地看见新月凹面没有被太阳光照亮的那部分。我们想象一下,当有90个满月照到地球上,并且此时地球周围没有大气层,该是多么明亮,这就是月球上的"地夜"景色。

当我们站在月球上时,能不能看见地球上的陆地和海洋的轮廓呢?一直以来有一种的错误观点是:挂在月球空中的地球就像一个地球仪,很多画家在描述宇宙空间中的地球时,也总是画出一个地球仪的形状,还在地球的表面画出大陆的轮廓和两级的冰山。不过,这些都只是想象出来的,站在其他的星体上看到的地球是什么样子的,谁也说不清楚。且不说地面总有一半被大气遮住,仅只是地球周围的大气层会使太阳光漫射得很厉害,因此看不清楚地球。普尔科夫天文台的天文学家季霍夫这样写到:

"从宇宙中观察地球的时候,我们看见的是一个苍白的圆面,根本看不清楚

---

① 月球上的土是暗黑色的,而不是想象的银白色,这和月光的颜色并不矛盾。丁铎尔在一本讨论光线的书中说:"日光从黑色上反射过来后仍然是白色的,所以月球即使披上了黑色的丝绒后,它看上去还是银白色的。"月球上的暗黑色的土反射日光的能力和潮湿的黑土差不多,而极暗的地方所漫射的光线也只比维苏威火山的岩浆所漫射的弱一点点。

地球上的细节。照射到地球上的太阳光，在没有达到地球时就被大气中的杂质漫射到太空中去了，而地球本身所反射的光线由于大气的再次漫射变得更微弱了。"

因此，如果说月球将自己的一面清楚地展示在人们的面前，那么地球却把自己的面貌遮起来，不让其他的星体看清楚，这是由于地球周围被大气层包围的缘故。

不过，地球和月球还有其他的区别。在地球上观察天空，月球和别的星球一样东升西落；在月球的天空中，地球却不是这样运动的，它没有升降，也不像其他的星体那样有规律地运动。地球一直高挂在天空中，对月球而言，它是静止不动的，永远待在一个固定的位置，同时，所有的星星在地球的后面慢慢地滑过。这是月球的特点造成的：月球总是用一面对着地球，因此在月球上看来，地球静止不动地挂在空中。如果地球正好位于月球上一个环形山口的天顶，那么，它永远不会离开这个天顶；如果地球位于月球的"地平线"上，它就只会在那里。只有前面提到的月球的"天平动"，才会使地球的位置稍微改变一点。在地球后面慢慢滑过的群星，旋转一周的时间是 $27\frac{1}{3}$ 个地球上的昼夜；太阳旋转一周需要的时间是 $29\frac{1}{2}$ 个地球上的昼夜；其他的行星也在作着类似的运动，只有地球是静止在黑色空中不动的。

不过，虽然地球是静止不动的，但它会在24个小时内绕着地轴自转一周。如果地球上的大气是透明的，那么，未来去月球旅行的人可以用它当时钟。另外，地球在空中也有相位的变化，这就是说，地球不会永远是一个完整的圆面，有时是一个半圆，有时是弯弯的镰刀状，时宽时窄，这些是由被太阳照亮的半个地球对着月球的那一部分的大小决定的。把太阳、地球、月球的相对位置画出来，就能得到这样的结论：地球的相位和月球的相位是相反的。

当我们看见朔月的时候，站在月球上的人会看见圆形的地球——"满地"；反之，当我们看见满月的时候，月球上的人见到的是"朔地"，那就是带着光亮的边缘的黑色圆面（图2-20）；当我们看见娥眉月的时候，月球上看见的地球已经是初亏，而且亏损的部分和娥眉月的形状一样。不过，地球的位相不

图 2-20 在月球上看到的"朔地",带有光亮边缘的黑色圆面

如月球的轮廓清楚,因为地球上的大气会使发光的边缘模糊,从而形成昼夜的缓慢交替,如同我们在地球上见到的晨曦和晚霞。

地球的位相还有一点和月球的不同,那就是地球上的人永远看不见朔月时的月球。这时候,月球位于太阳上下的位置(有时相离5°,也就是月球直径的10倍),它那条被太阳光照亮的狭窄的边缘应该能够看见,但我们还是看不见,因为太阳光遮住了朔月的这条银色细线。在朔月以后的两三天,我们才能看见这条线,这时它已经距离太阳很远了。在春天里,有时一天后就能看见它,但这种情况非常少。从月球上看"朔地"却不是这样,月球上没有大气层,不能漫射太阳的光线,也就不能在太阳周围形成光芒,所以太阳光不能遮挡行星,行星就会清清楚楚地放光。因此,只要地球没有完全挡住太阳(即不是在日食时),在比太阳略高或者略低的时候,都能在黑色的月球天空中显现出狭窄的亮边,亮边的两个角背对着太阳(图2-21)。当地球向太阳的左方移动的时候,这个亮边也会跟着向左移动。

下面我们所描述的月球现象,通过一个不大的望远镜就能观察到:在满月的时候,月面并不是一个完整的圆面。因为观察者和太阳、月球的中心并不在同一条直线上,所

图 2-21 在月球上见到的"新地",下方的白色圆面是太阳

以看见的月面少了狭窄的细钩，这条黑色的细钩随着月球的右移，而沿着被照亮的月面向左滑动。由于地球和月球相对太阳的位置相反，因此站在月球上的观察者，这时应当看见的就是弯弯的"新地"。

上面我们已经说过，地球并不是固定在月球的空中静止不动的，而是在月球的天平动的影响下，有着细微的摆动，向南北摆动14°，向东西摆动16°。所以就形成一些奇怪的现象，在地球接近月球"地平线"的地方好像要落下，但马上又升起来了，这样就形成了曲线（图2-22）。如此一来，地球就在"地平线"的某一个位置升升降降，并持续很多个地球上的昼夜。

图2-22 由于月球的天平动，地球在月球的"地平线"附近出现又消失，重复着这样的运动。图中虚线表示的是地球圆面的中心经过的路径

## 月球上的食相

在月球上看到的第三个风景就是食相，分为"日食"和"地食"两种。月球上的日食并不同于地球上的日食，前者给人留下的印象更深刻。当地球上出现月食的时候，月球上就会出现日食，这时候的地球、月球、太阳在同一条直线上，地球的投影遮住了月球。研究过这种月面的人都知道，这时候并不是完全看不见月球，而是月球处于地球锥形阴影内部的一种樱红色的光照之下。这时候，如果我们在月球上观察地球，就会明白为什么月球会受到樱红色的光照。在月球的空中，地球位于太阳的前面，虽然此时的地球只是一个黑色的圆面，

但圆面的周围是一圈由大气层形成的紫红色的边缘。这个紫红色的边缘照亮了地球阴影覆盖下的月球（图 2-23），从而形成了上面的景象。

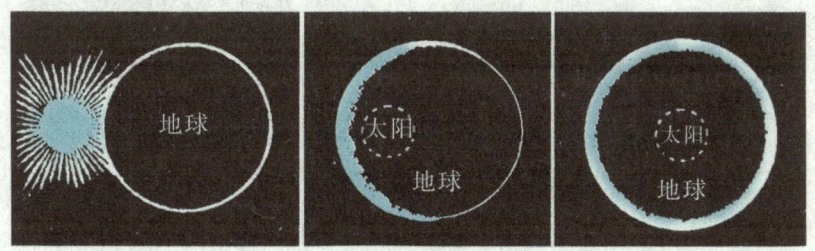

图 2-23 月球上的日食过程，太阳逐渐运动到地球的后面

月球上的日食比地球上的日食的时间长得多，不是仅仅的几分钟，而是将近 4 个小时，因为月球上日食就相当于地球上的月食，只是观察的地点不同而已。

不过，地食持续的时间非常短，它出现的时间和地球上发生日食的时间相同。在这个时候，站在月球上观察地球的人会发现，地球的圆面上一个小黑点在移动，小黑点经过的地方就是地球上出现日食的地方。

需要说明的是，在其他的星球上，不可能看见类似地球上的日食这样的天文现象。这种特殊现象的成因是，遮蔽太阳的月球到地球的距离与太阳到地球的距离的比值，大约等于月球的直径与太阳的直径的比值。

## 2.11 为什么要观察日食和月食？

由于某种条件，月球形成的锥形阴影才会到达地面上（图2-24）。严格来说，月球阴影的平均长度小于月球到地球的距离，如果仅仅讨论平均数，就会得出这样的结论，在地球上绝对不会看见日全食。我们之所以能够看见日全食，那是因为月球绕地球旋转的轨道是一个椭圆形，轨道的某些地方距离地球近，某

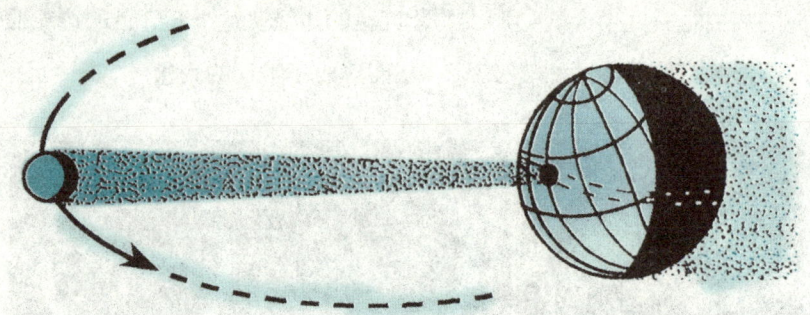

图 2-24 月影的锥尖会划到地球的表面,划过的地方就能看见日全食

些地方距离地球比较远,两部分的最大差值是 42 200 千米:月球到地球的最近距离是 356 900 千米,最远的距离是 399 100 千米。

月影的一端会在地球的表面上移动,划过的地区就会出现日全食(见图 2-24)。因为日全食经过的地带宽度不到 300 千米,所以能够看见日全食的居民区是非常有限的。如果再考虑到日全食出现的时间只有短短的几分钟(不超过 8 分钟),我们就能明白,日全食被称为奇观的原因了。就地球的某一个地方而言,日全食二三百年才会出现一次。

所以,为了观察到日全食,天文学家们组织成远征队,到能够看见日全食的地方去,就算这些地方再遥远,他们也不在乎。1936 年 6 月 19 日,苏联境内出现了日全食,持续的时间是两分钟,为了这短短的两分钟,10 个国家的 70 多名天文学家来到了苏联境内。其中,由于阴天的缘故,有 4 个远征队什么也没有看见。苏联天文学家组织的观察规模最大,在日全食的地带中,有将近 30 个远征队。

1941 年,尽管苏联处于战争时期,为了观察从拉多加湖到阿拉木图的日全食地带,仍然组织了一系列的远征军。1947 年 5 月 20 日,巴西境内出现日全食,苏联政府派出了远征军前往巴西。1952 年 2 月 25 日和 1954 年 6 月 30 日,苏联派出的观察日全食的远征军规模最大。

虽然月食出现的次数是日食出现次数的 $\frac{2}{3}$,但我们常常能看见月食,这种现象很容易解释。

当月球挡住了太阳的有限地带时，地球上才会出现日食。在这个有限的地带里，有的地方出现的是偏食（就是太阳表面的一部分被月球挡住），有的地方出现的是全食。在这些地方，日食出现的时间不同，那是因为月影沿着地球的表面移动，所以每个地方被月影遮挡的时间也不一样。

月食的情况就不同了，当月食出现的时候，月面的变化情况在不同的地方同时发生，只是由于各地的标准时间不同，所以表示月食的时间也不相同。

天文学家不用到处去追赶月食，因为它自己会到来，当它出现的时候，半个地球上都可以同时看见月食。但为了能观察到日食，看见月球遮住太阳这几分钟的景象，天文学家却需要长途跋涉，不是去热带的海岛，就是去东西方很远的地方。

那么，只是为了观察几分钟的日食，花费巨资组成远征军是否值得呢？难道不能在太阳没有被月球遮住的时候进行相同的观察吗？或者在望远镜上放一个不透明的圆片挡住太阳，制造"人工日食"不行吗？这样一来，不就可以轻松地观察"日食"了吗？

然而，人工日食无法使我们看见月球挡住太阳光时候的情景，因为在太阳的光进入我们眼睛之前，就被地球上的大气层漫射到太空去了。正是这种原因，我们白天看见的是青色的天空，而不是有着无数星星的黑色天空。我们置身于大气层的底部，如果用一个不透明的圆片遮住太阳的光线，那么就看不见太阳射来的光线了，但大气层依然受到阳光的照射，漫射着太阳光，挡住了空中的星星。如果挡住太阳光的那个不透明的圆形位于大气层之外，就不会出现这样的情况。月球就是类似的一个圆，距离大气层的边界很远。太阳光还没有进入大气层的时候，就到达了月球上，被月球挡住的那部分就不会出现阳光的漫射现象。当然，不是完全不会发生漫射，因为周围光区漫射的光线会有一少部分进入阴影区，所以在发生日全食的时候，天空不是完全的黑暗，仍能够看见最亮的星星。

在观察日全食的时候，天文学家需要做些什么呢？

首先,他们要研究位于太阳外层的"反变层"的光谱线。一般情况下,光谱线是位于一条明亮的谱带上的一些暗线。当月球挡住太阳光的几秒钟里,它就会变成一条暗的谱带上的明线,也就是吸收光谱后变成了发射光谱。这种发射光谱又叫做闪光谱,是一种研究太阳外层情况的宝贵资料。这种现象并不是日食的时候才能观察到,只是出现日食的时候最清楚,因此天文学家们绝不会错过这个好时机。

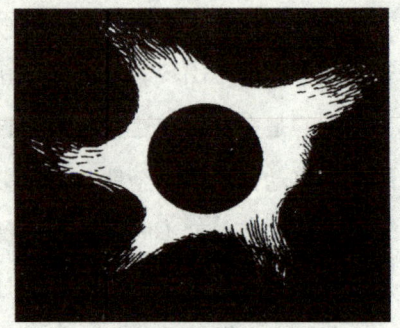

图 2-25 日全食时的日冕

第二就是观察日冕,日冕是只有在日全食的时候能够观察到的奇特现象之一。它位于黑色月面的周围,带着白色的珠光,在不同的日食时间里呈现出不同的形状和大小。一般情况下,日冕的长线是太阳直径的好几倍,亮度大约是满月的一半(图 2-25)。

在 1936 年出现的那次日食中,日冕特别明亮,甚至比满月还亮,这种情况是非常少见的。长长的日冕的长线是太阳直径的三倍,日冕的形状是五角形,黑色的月面位于日冕的中心(见图 2-25)。

关于日冕的性质,直到现在还没有研究清楚。在日全食的时候,天文学家拍摄日冕的照片,测量它的亮度,研究它的光谱,这些都有助于了解日冕的物理结构。

第三就是核对广义相对论的推理之一是不是正确。按照相对论的推理,星

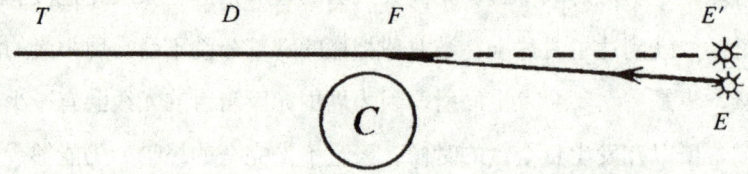

图 2-26 相对论的推理之一:光线在太阳的强大引力下会发生偏折。按照这个推理,站在地球 T 点的人沿着直线 TDFE',会看见星星位于 E' 处,但实际上它位于 E 处,沿着光线 EFDT 照射到地球上。当太阳不位于 C 的时候,星光沿着 ET 投射到地球上

光经过太阳附近的时候，由于受到太阳强大引力的作用会发生偏折，而且太阳附近的星星看上去位置会发生变化（图2-26）。只有在日全食的时候，才能够证明这个推理是否正确。

严格来说，1919年、1922年、1926年和1936年日食期间的测量数据，并没有证明相对论的这条推理的正确与否[①]。

以上的三点原因，就是天文学家离开自己的天文台，跟着日食东奔西跑的主要原因。

关于日全食的现象，不少文学作品中有过精彩的描述。在柯罗·连柯的著作《日食》中，对1887年8月的那次日食进行了生动形象的描写，那是他在游历耶韦斯城时见到的。下面是摘录书中的内容：

太阳沉到了斑驳的云层里，当它再出来的时候就变得亏损了……

现在，空中飘浮的轻雾遮住了耀眼的光芒，看起来柔和多了。

到处是一片安静，可以听见沉重的呼吸声……

半个小时后，天空的颜色和平常一样。云彩时而会遮住高挂在空中的弯弯的太阳，一会儿又离开了。

孩子高兴地叫着、跳着；青年人诧异无比；老人们叹息着，甚至尖叫和呻吟，好像牙齿在痛。

当天色暗淡下来的时候，多数人的脸上出现了恐慌的神情，地上的人影也看不清楚了。河上的船只变得模糊了，失去了往日清晰的身影。光亮不断地减弱，既不是黄昏的来临，也不是大气层的回光返照，很像是不同寻常的怪异的天气。周围的景色变得模糊不清，青草失去了绿色，山峦好像失去了重量。

太阳渐渐地变成了弯弯的线，天地间成了黑暗的白昼。我觉得关于日食的故事是夸大其词的，难道这小得犹如蜡烛般的太阳，真的有那么重要的意义吗？

---

[①] 星光偏折的现象得到了证实，但量的方面还没有完全确定。根据米哈伊洛夫教授的观察结果可知，这一理论的有些方面要作修改。

这一道亮光失去之后，就真的是黑夜吗？

突然，这点微弱的光芒消失了，好像一个火花跳出了火炉，跳出的时候伴随着闪了一下的火星。这时，黑暗降临了，笼罩了整个大地。我看见了黑暗的降临，好像是一张巨大无比的床单，从南方沿着山峦、河流、田野不断前进，瞬间遮住了整个天空，不仅包围了我们，也包围了整个北方。我站在沙滩上，回头看着身后的人群，他们一声不发，也成了巨大的黑影……

这是一个不同寻常的夜晚，在这样的夜里，人们会不由自主地寻找那轮银色的月亮。但是，任何地方都看不见月光，天空好像被一张薄薄的网遮住了，还有肉眼看不见的细微粉末从空中落下来。在侧面的上空，好像有东西在发光，光亮照到我们头顶上的黑色的夜空中，不再那么黑暗了。在黑色的夜空中，乌云在奔跑，乌云里似乎还进行着猛烈的斗争。……怀有敌意的像是蜘蛛的东西抓住了太阳，和高高的乌云一起在空中奔驰。从黑暗的天空中流泻出某种光彩，使空中的景色看起来像是活的，云彩在无声地奔跑，使这一切更高深莫测，蕴含着无限的生机。

现代天文学家对月食的兴趣远远没有对日食的高。曾经，我们的祖先从月食中找到了证明地球是球形的证据，这种证据在麦哲伦环球航行中起到了重要的作用。在一望无际的太平洋上，水手们航行了很久，既疲惫又绝望，他们认为自己没有机会回到陆地上去了，注定要丧身大海。这时，只有麦哲伦没有绝望，他对大家说："虽然根据圣经的记载，地球是一片无边无际的平原，四周围是海水，但我自己认为，既然月食时地球抛出的影子是圆的，那么地球也一定是圆的。"在古代的关于天文学的书籍中，有关于月面阴影是地球形状决定的图画（图2-27）。

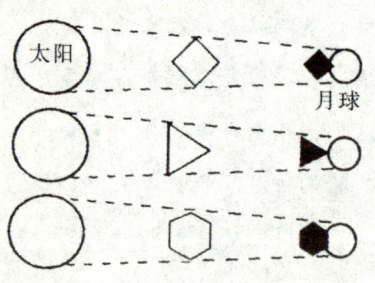

图2-27 从月面阴影的形状推测地球的形状

尽管我们今天不再需要这样的证据

去证明地球是球形，我们却能够根据月食时月球的亮度和颜色判断地球大气层的构造。大家知道，发生月食的时候，月球并没有完全被地球遮盖住，由于周围的光线偏折到锥形的阴影里，我们依然能够朦胧地看见月球。月球这时的亮度和颜色，引起了天文学家的兴趣。经过研究后得知，它们和太阳黑子的数目有着紧密的联系。近几年，天文学家又利用月食现象研究月面失去太阳光照后冷却的速度（以后还会谈到这一点）。

## 2.12 日食和月食的周期

古巴比伦人观察天象后得出，日食和月食每隔18年10天就出现一次，这种周期叫做沙罗周期。古代人就是根据这个周期来判断日食和月食出现的时间，但他们不知道为什么会有这个周期，也不明白为什么周期的时间是18年零10天。很久之后，人们研究了月球的运动之后，才发现了这个周期的原因。

月球绕着地球旋转一周的终点决定了月球的宇宙时间。天文学家把"月"分为五种，我们来分析其中的两种。

第一，朔望月。在这段时间，从太阳上观察可知，月球绕着地球旋转了一周，也就是两次出现相同的月面间隔的时间（大约是从朔月到下一次朔月的时间），这个数值是29.5306昼夜。

第二，交点月。在这段时间，月球从它的"交点"（指的是月球绕地球轨道和地球绕太阳轨道的交点）开始转动，绕着地球一周后再回到这个"交点"，这个数值是27.2123昼夜。

显然，只有朔月或者望月落到交点上的时候，日食和月食才会出现，因为这个时候月球的中心和太阳的中心在同一条直线上。如果今天出现了日食，那么，只有经过整数个朔望月和交点月之后，才可能出现下一次的日食。

不过，这个时期的长度是多少呢？这时，我们就需要解下面这个方程：

$$29.5305x = 27.2123y$$

这里的 $x$ 和 $y$ 都是正整数，把方程改为比例式：

$$\frac{x}{y} = \frac{272123}{295306}$$

由于这两个数没有公约数，所以最小值的答案就是：

$$x=272123, \quad y=295036$$

这样算出来的时间是几万年，这样的数据毫无实际意义。古代天文学家利用的是近似值。在这种情况下，求近似值的简单方法是利用带分数。把分数转化成带分数是：

$$\frac{295306}{272123} = 1\frac{23183}{272123}$$

接下来，用分数的分子和分母分别除以分子：

$$\frac{295306}{272123} = +1\frac{23183 \div 23183}{272123 \div 23183} = 1 + \cfrac{1}{11 + \cfrac{17110}{23183}}$$

然后，再用分数 $\frac{17110}{23183}$ 中的分子和分母分别除以分子，以此类推，得到下面的式子：

$$\frac{295}{272}, \frac{306}{123} = 1 + \cfrac{1}{11} + \cfrac{1}{1} + \cfrac{1}{2} + \cfrac{1}{1} + \cfrac{1}{4} + \cfrac{1}{2} + \cfrac{1}{9} + \cfrac{1}{1} + \cfrac{1}{25} + \cfrac{1}{2}$$

在这个分数式里，我们舍去后面的几节，只要前面的，得出下面这些近似值：

$$\frac{12}{11}, \frac{13}{12}, \frac{38}{35}, \frac{51}{47}, \frac{242}{233}, \frac{535}{493}\cdots\cdots$$

在这里，第五个近似值已经够精确了。如果我们采用这个值，那么

$$x = 223$$

$$y = 242$$

由此可以得出，日食和月食的周期就是 223 个朔望月，或是 242 个交点月，即约 6585 个昼夜，也就是 18 年零 11.3 或者 10.3 天[①]。

这就是沙罗周期的来源，明白了这些，我们就可以用它来确定日食和月食

---

[①] 由这个时期里闰年的个数（4 个还是 5 个）决定。

出现的时间。假如将沙罗周期当作 18 年零 10 天,实际上去掉了 0.3 天,所以第二次出现日食(或月食)的时间要晚约 8 个小时。假如使用三次沙罗周期推算,日食(或月食)出现在第二天的同一个时候。另外,这个沙罗周期没有将月球到地球、地球到太阳的距离的变化计算在内,而这些变化有着自己的周期,决定着日食是否是全食。因此,沙罗周期可以帮助我们推算出日食出现的时间,却不能判断出是全食、偏食或者环食。而且,还无法预言日食出现的位置。

也许会出现这样的情况,一次很小的偏食在 18 年后虽然出现了,但已经小得接近零了,所以我们无法看见。同样,也可能出现很小的日全食,但 18 年前却是看不到的。

现在,天文学家已经不再使用沙罗周期了。月球的运动研究清楚了,可以把日食和月食出现的时间精确到秒。如果在预言的时间里,没有出现日食,天文学家就会去寻找其他的原因,而不会怀疑计算的问题。在儒勒·凡尔纳的小说《毛皮国》一书中,就有类似的情况。小说中写到一位去北极观察日食的天文学家,他按时到达了目的地,却没有看见日食。这时,这个天文学家告诉周围的人们,现在他们所在的这块冰原不是大陆,而是一块浮动的冰块,被洋流带出日食范围了。他的观点很快得到了证实,这就是科学的力量!

## 2.13 这种情况是真的吗?

有人说他们见到过这样的情况,在月食出现的时候,亲眼看见太阳位于地平线附近,而另一边是正在被侵蚀的月亮。

1936 年 7 月 4 日,出现了月偏食,也出现了上面的情况。一位读者给我写信,说道:"7 月 4 日 20 点 31 分的时候,月亮出来了。20 时 46 分的时候,太阳落山了。在月亮出现的时候,发生了月食,此时月亮和太阳都在地平线附近。对此,我感到非常疑惑,因为我知道光是沿着直线传播的,怎么会出现这种情况呢?"

这种情况的确令人费解。尽管我们不能像捷克女郎那样，相信用烟熏过的玻璃能看见连接太阳中心和月亮中心的线，但我们可以想象，在地平线上存在一条这样的线。如果地球不是位于太阳和月球之间，会出现月食吗？那些亲眼所见的人的话能相信吗？

其实，这种现象是可以解释的，没有什么不可信的。太阳和月亮同时出现在天空的两端，那是大气的折射造成的。

由于大气的折射作用，使得天体看起来比它们的实际位置要高一些（参看图 1-15）。当我们看见太阳和月亮在地平线附近的时候，它们已经位于地平线之下了。因此，我们看见太阳和被吞食的月亮同时出现在地平线上，也不是奇怪的事情。

弗拉马里翁说过："在 1666 年、1668 年和 1750 年出现的月食中，这种现象特别明显。"其实，我们没有必要追溯到那么远。1877 年 2 月 15 日，巴黎太阳落山的时间是 5 点 29 分，而月亮升起的时间也是 5 点 29 分，在太阳落下去之前，月全食就已经开始了；1880 年 12 月 4 日，太阳在 4 点 2 分落下去，而月亮在 4 点就升起来了，月食开始的时间是 3 点 3 分，一直到 4 点 33 分才结束。如果仔细观察，这种现象并不少见。只要观察者位于在地平线可以看见月食的地方，那么，他就可以在太阳落下去之前、月亮升起之后，见到月全食。

##  2.14 关于日食和月食的几个问题

（1）日食和月食持续的时间是多长？

（2）一年中，日食和月食可以出现几次？

（3）是否存在不出现日食或者月食的年份？

（4）最近，苏联境内什么时候会出现日全食？

（5）发生日食的时候，日面上的黑色的月影是向左运动，还是向右？

（6）月食是从左边开始，还是从右边开始？

（7）出现日食的时候，树叶的影子的光亮处为什么是月牙形的（图2-28）？

（8）日食时的月牙和普通的娥眉月有什么区别？

（9）人们观察日食的时候，为什么需要用一块烟熏黑的玻璃？

图2-28 日食的时候，树叶影子的光点是月牙形的。

**解**（1）在赤道附近，整个日食的过程是4.5小时，日全食的持续时间是7.5分钟，其他地方的时间会短一些；整个月食持续的时间是4小时，全食的时间不超过1小时50分钟。

（2）在一年中，日食和月食加在一起不会超过7次，也不会少于2次（1935年：5次日食，两次月食）。

（3）每一年都会出现日食，而且不少于2次；没有月食的年份很常见，每隔五年大约就会出现一次。

（4）最近，苏联境内在1961年2月15日会出现日全食，地带是克里木、斯大林格勒、西伯利亚。

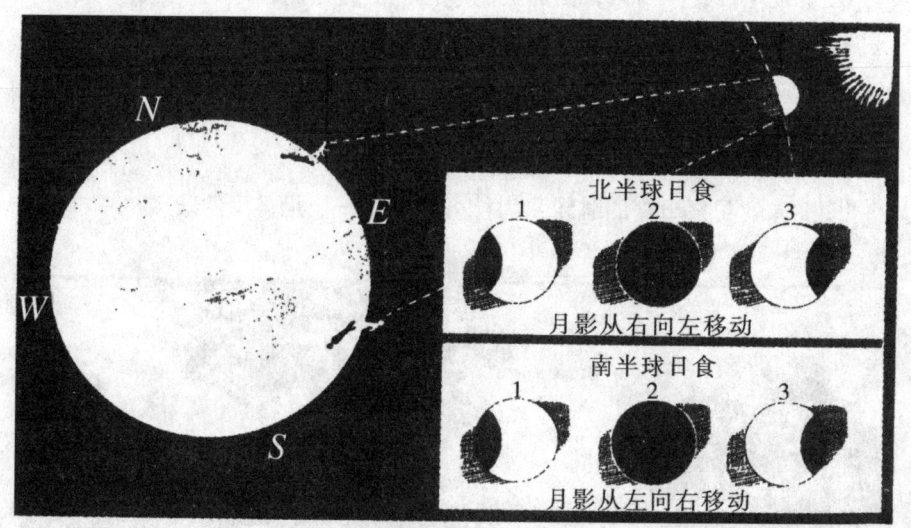

图 2-29 日食的时候，日面上月影的移动。

（5）在北半球，日面上的黑色的月影从右向左移动，所以月影最先接触太阳的右侧；在南半球，月影自左向右移动（图 2-29）。

（6）在北半球，月影的左边先进入地球的阴影；在南半球，则是右边。

（7）树叶影子的亮点呈现的是太阳的像。发生日食的时候，太阳变成了月牙形，所以它在树叶中的像也是月牙形（参看图 2-28）。

（8）娥眉月向外凸出的是半圆形，而向里凹陷的是月球被太阳照亮部分的边缘；日食时的月牙形的两边都是圆弧（参看图 2-3a），而且两道圆弧的直径相同。

（9）尽管月球遮挡了太阳的一部分，仍然不能够直接用肉眼去看。因为日光会烧坏视网膜上最敏感的部分，导致人的视力下降，严重时永远都不能恢复。

18 世纪初，诺夫哥罗德的一位编年体作家写到："在诺夫哥罗德里，有人由于日食永远失去了视觉。"不过，要避免这种事情非常简单，只要一块用烟熏过的玻璃即可。熏玻璃的烟应该用蜡烛的烟，玻璃的厚度使我们透过玻璃正好看见日面的轮廓，但不能看见太阳的光芒或者是光晕。另外，可以在熏黑的玻璃的那一面再盖上一块干净的玻璃，用胶带把它们粘在一起。我们无法预知日食时太阳的亮度,所以应该多准备几块用烟熏过的玻璃,做到有备无患。

这时,也可以把两块不同颜色的玻璃叠在一起使用,最好是颜色互补的两块玻璃,而普通的护目镜不适合。最后,在我们观察太阳的时候,还可以使用黑暗的照相底片。

## 2.15 月球上的天气

一般来说,月球上没有我们见到的各种天气。在一个没有空气、云彩、水蒸气、风雨的星球上,怎么可能会出现像地球上的天气变化呢?在月球上,唯一称得上天气的就是月面土壤的温度变化了。

那么,月球上的土壤有着怎样的温度变化呢?现在,有一种仪器不但可以测量出各种天体的温度,还可以测量出天体上各个部分的具体温度。这种仪器的制造原理根据热电现象:用两种不同的金属焊接成一根导线,当两个焊接点的温度不同时,就会有电流通过导线。两个焊接点的温度相差越大,电流强度就越大,所以根据电流强度可以判断出导线吸收的热量。

虽然这种仪器非常小,起作用的部分不超过0.2毫米,重力仅仅有0.1毫克,但它非常敏感,连13等星的热量都能感受到,这仅仅使它的温度升高了千万分之一摄氏度。13等星要借助望远镜才能看见,它们的光线是可视的最弱光线的$\frac{1}{600}$,这么弱的光线发出的热量等同于几千米外一支点燃的蜡烛发出的热量。

天文学家把这种测量仪器安装在望远镜中月亮成像的各个部分,这样就可以感受到月球上的热量,根据热量测量出月球各个部分的温度(可以精确到10℃)。

通过图2-30可以得知:满月中心的温度最高,大约是110℃,如果有水的话,早就沸腾了。一位天文学家说过:"月球上不需要炉子,因为月球向阳

图 2-30 月面的温度：中央高达 110℃，越往外温度越低，边缘的温度低至 -50℃

面中心部分的任何一块岩石都可以当火炉使用。"温度从中心向四周逐渐降低，在距离中心 2700 千米的地方，温度仍高达 80℃。此后，温度降低得很快，在月面边缘，温度已经降到 -50℃ 了。月球背对太阳的那一面温度更低，大约是 -153℃。

我们在前面说过，发生月食的时候，月面失去太阳光的照射冷却得很快。那么，冷却的速度到底有多快呢？根据记录可知，在某次月食的时候，温度从原来的 70℃ 降到了 -117℃。也就是说，在 1.5～2 小时的时间内，温度降低了将近190℃。另一方面，在日食的时候，地球在同样的条件下，温度只降低了2℃~3℃。这是由于大气层的缘故，对于太阳的可见光而言，大气层是透明的，它能保护地面放出的不可见的热射线，使其不散失。

由于月球土壤的热量散失得如此快，导致月球上的物质所拥有的热容量很小，传热性也很差。所以，即使对月球不停地加热，它能储存的热量也非常小。

# 第 2 章
## 月球的运动

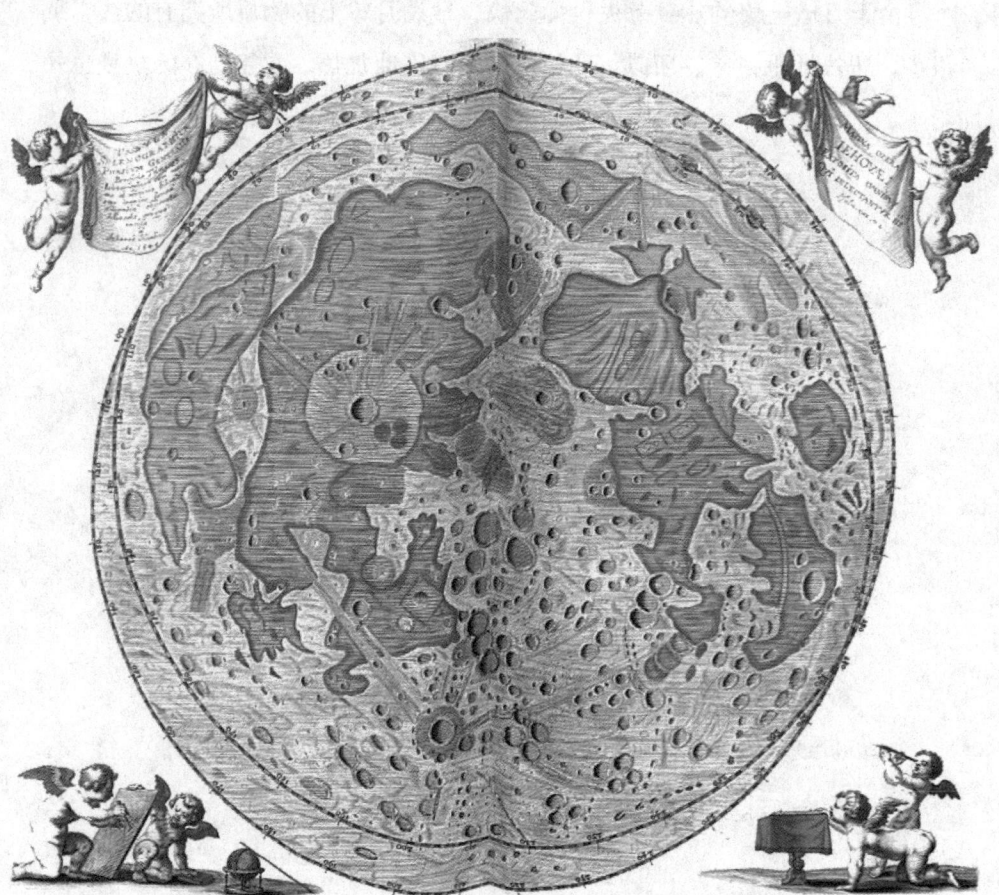

1645年约翰内斯·勃拉姆斯绘制的月球表面图

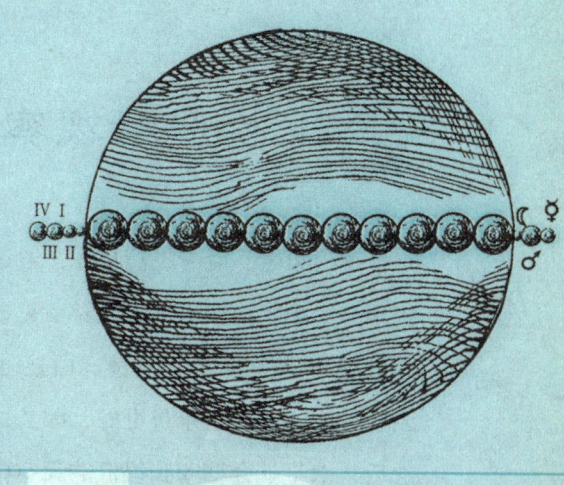

# 第3章

## 行 星

# 3.1 白昼时观察到的行星

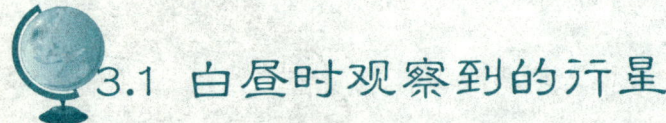

在白天能不能看见行星呢？通过望远镜是可以的。虽然不如夜间看得清楚，但用一个中等的望远镜就能够看见，所以天文学家常常在白天研究行星。如果用目镜为 10 厘米的望远镜，白昼时不仅可以看见木星，还可以看见木星上的云状带。白昼观察水星更好，因为这时的水星位于地平线的上面，而太阳落山之后，木星就会移动到很低的天空中，透过望远镜就看不清了，像是被大气层严重扭曲了一样。

在天气条件合适的情况下，白天里用肉眼可以看见几个行星。

最常见到的是最亮的金星。阿拉戈[①]有一篇关于拿破仑的故事，讲的是有一次他的仪仗队经过巴黎的街道时，街上的人们正忙着观看午时的金星，而没有注意到他，为此，拿破仑非常不高兴。

在都市的街头白天看见金星的次数比空旷的原野要多，因为高耸的建筑物能够遮挡住阳光，使人的眼睛避免了阳光的直射，使人的眼睛不被直射而看不见东西。在俄罗斯的编年史中，也有白天看见金星的记载。例如，诺夫哥罗德的编年史中写到，1331 年的某一天，"天空出现圣迹，教堂的上空出现了明星"。维亚托斯基和维尔耶夫考证后得知，这颗明星就是金星。

每经过 8 年，就会出现白昼看见金星的情况。仔细观察天象的人，在白天用肉眼不仅可以看见金星，还可能看见木星和水星。

下面我们介绍行星的比较亮度。有时候，大家会产生这样的疑问：哪一颗行星最亮呢？是金星，还是木星，或者是水星？如果它们同时出现，并且排列在一起，这个问题的答案就出来了。可是，当我们在不同的时间看见个别的行

---

① 弗朗索瓦·阿拉戈，法国天文学家（1786～1853）。——编者注

星时，就无法比较了。现在，我们根据亮度对五大行星排序：

金星、火星、木星都比天狼星亮好多倍。

水星和土星不如天狼星亮，但比其他的一等星都亮。

关于这个问题，我们以后会用具体的数字来说明。

## 3.2 行星符号及来源

现代的天文学家用来表示太阳、月亮、行星的符号有着古老的来源（图3-1），除了月亮的表示符号简单明了，其他的符号都需要解说。水星符号是自己的保护神——商业之神墨丘利手中的挂杖；金星符号是一面镜子——女神维纳斯所代表的爱情和美好；火星的保护神是战神马尔斯，所以它的符号是矛和盾；木星的保护神是朱庇特，由于他的希腊名字是宇宙，所以木星的符号是 Zeus（宇宙的希腊写法）的第一个字母的草写；土星的保护神是命运之神，它的符号是"时间的大镰"被歪曲后的画像。

9世纪时，上面所说的符号就开始使用了。不过，天王星的符号要晚很多，因为18世纪才发现了这颗行星。它的符号是圆圈上面顶着一个大写字母 H，是为了纪念它的发现者赫歇尔（Herschel）。1846年，发现了海王星，它的符号是希腊神话中海神波塞冬的武器三股叉。冥王星的符号是两个大写字母 PL 的组合，它是地狱之神普鲁托（Pluto）的前两个字母。

此外，还有我们居住的地球，以及太阳的符号。太

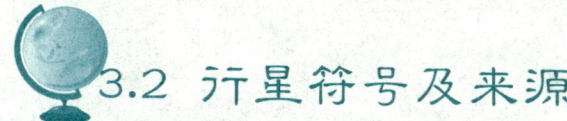

图3-1 太阳、月亮、行星的符号

阳的符号出现得非常早，几千年前古埃及人就开始使用了。

在西方，天文学家使用上面的符号表示星期：

星期日：太阳的符号；

星期一：月亮的符号；

星期二：火星的符号；

星期三：水星的符号；

星期四：木星的符号；

星期五：金星的符号；

星期六：土星的符号。

把行星的名字和星期的名称用法文或者拉丁文表示出来，就很容易解释为什么使用行星符号表示星期了[①]。在法文里，星期一叫 *lindi*，即月球日；星期二叫 *mardi*，即火星日，等等。在此，我们就不一一例举了。

在古代，行星的符号还用作金属符号，在炼金术上有着广泛的应用。例如：

太阳的符号表示金；

月亮的符号表示银；

水星的符号表示水；

金星的符号表示铜；

火星的符号表示铁；

木星的符号表示锡；

土星的符号表示铅。

为什么把行星的符号用在炼金术上呢？那是因为炼金术士用金属来纪念希腊神话中的神。

最后，现代的动植物学家也在使用行星的符号。例如，动物学家用火星和金星的符号表示雄性和雌性；植物学家用太阳的符号表示一年生的植物，这个

---

① 在中国，也有七曜的说法：星期日是日曜，星期一是月曜，星期二是火曜，星期三是水曜，星期四是木曜，星期五是金曜，星期六是土曜。其实，这也是称为星期的原因。——编者注。

符号稍微改变后（在圆圈的上面加上两个点）就可以表示两年生的植物。用木星的符号表示多年生的植物。用土星的符号表示灌木和树木。

## 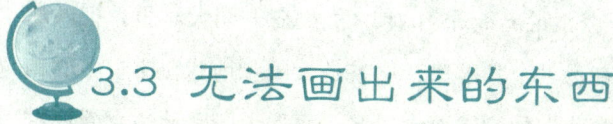 3.3 无法画出来的东西

有许多东西是无法画在纸上的，太阳系的精确平面图就是其中的一个。在天文书籍中，太阳系的平面图只是行星的运行轨道，而不是太阳系的图。要想画出行星的图，就必须对比例尺作很大的改变。对于行星之间的距离而言，行星本身是很小的，因此我们无法想象它们之间的比例关系。为了便于读者的理解，我们把太阳系画成缩小的图，有一点很明显，那就是没有任何一张图能够准确地表示出太阳系的真实情况。我们能够做的就是，在图上表示出太阳和各个行星的相对大小（图3-2）。

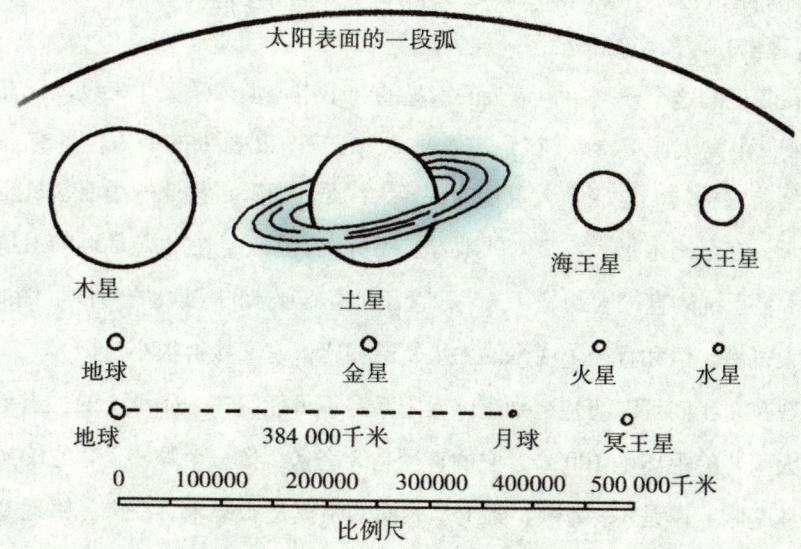

图3-2 太阳和行星的相对大小，在这张比例图中，太阳的直径是19厘米

95

# 第3章 行星

如果我们用别针头表示地球，它的直径大约是1毫米。精确地说，我们使用的比例尺是1：15 000 000 000，也就是把15000千米当作1毫米。这样一来，我们得到的月球的直径就是$\frac{1}{4}$毫米，在距离地球3厘米的地方。太阳的直径是10厘米，比一个网球略大一点，距离地球10米。犹如在一间大厅里，把网球放在一个角落里，别针头放在另一个角落里，这就是太阳和地球在宇宙中的相对位置。由此可知，空间比实物占的位置要大得多。虽然太阳和地球之间还有水星和金星，但它们和这么大的空间相比，更是微不足道的。它们就像是在这个空间里放了两粒沙子，一粒（水星）的直径是$\frac{1}{3}$毫米，在距离网球4米的地方；另一粒（金星）的直径是1毫米，大小和别针头相同，在距离网球7米的地方。

不过，在地球的另一端还有一些行星。火星在距离网球（太阳）16米的地方，直径是$\frac{1}{2}$毫米。每隔15年，地球和火星会接近一次，那时它们之间的距离是4米，也是最近的距离。火星有两个卫星，但无法把它们表示出来，因为在这个模型比例中，它们的大小和细菌一样。还有1 500多个小行星，它们位于火星和木星之间，围绕着太阳运动，同样，它们的大小也无法表示出来。在我们的模型中，这些小行星到太阳的平均距离是28米，其中，最大的行星如同头发丝粗细（$\frac{1}{20}$毫米），最小的和细菌一样大。

在我们的这个模型中，最大的木星的大小用一颗榛子大小来表示，直径是1厘米，距离太阳54米。在距离木星3、4、7、12厘米的地方，各有一个大卫星绕着它旋转。这四个大卫星的直径大约是$\frac{1}{2}$毫米，其他的小卫星只能用细菌表示。在距离木星大约2米的地方，还有一个卫星，它也是最远的卫星。因此，木星系统的直径大约是4米，和直径只有6厘米的"地球—月球"相比较，它要大得多，但和直径104米的木星轨道相比，它又显得很小。

现在，我们可以清楚地知道，太阳系是不可能画在一张纸上的。土星到网球（太阳）的距离是100米，它的直径是8毫米，像一个颗榛子，它的光环的宽是4毫米，厚是$\frac{1}{250}$毫米，到土星表面的距离是1毫米。在土星附近0.5米的范围内，散落着9个卫星，其直径都不超过$\frac{1}{10}$毫米。

在太阳系的边缘，行星之间的距离变得很大。天王星在距离太阳196米的地方，它的直径是 3 毫米，像一颗绿豆，有 5 个如同微尘般大小的卫星，分布在它周围 4 厘米的范围内。

在距离太阳 300 米的地方，还有一个像绿豆大小的行星，沿着自己的轨道慢慢地运动着，这就是海王星，它的两个卫星（特里屯和海王卫二）到它的距离分别是 3 厘米和 70 厘米。

在更远的地方，还有一个不大的小行星冥王星，到太阳的距离是 400 米，直径是地球直径的一半，也就是 $\frac{1}{2}$ 毫米。

不过，我们还不能说冥王星处于太阳系的边缘，因为除了行星，太阳系中还有很多彗星，它们也是绕着太阳运动的。其中，有些彗星绕着太阳旋转一周需要 800 年。公元前 372 年、1106 年、1668 年、1680 年、1843 年、1880 年、1882 年（两颗彗星）和 1887 年出现的彗星，它们的运行周期都是这么长。在这个模型中，它们的轨道都是扁长的椭圆。椭圆一端到太阳的最近距离是 12 毫米，另一端到太阳的最远距离是 1700 米，比冥王星还远 3 倍多。如果依据这些彗星的轨道计算太阳系的大小，我们模型的直径就要放大到 3.5 千米，面积是 9 平方千米。我们千万不要忘了，地球的大小如同一个别针头！在这 9 平方千米的空间里，有着下面的东西：

1 个网球；

2 颗榛子；

2 颗绿豆；

2 个别针头；

3 个更小的微粒。

虽然彗星的数量非常多，但它们的质量可以忽略不计，因为实在太轻了，可以称为"可见的乌有之物"。

所以，我们的太阳系绝不可能按照一定的比例在纸上正确地画出来。

# 3.4 为何水星上没有大气？

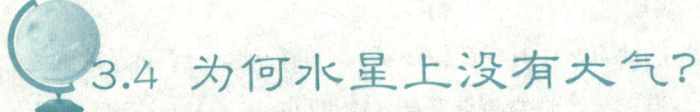

行星上是否存在大气？它和行星自转一周需要的时间有没有联系呢？乍看之下，这两者之间没有任何关联之处。如果我们以距离太阳最近的水星为例来分析，就可以明白，在一定的条件下，它们之间是有关系的。

仅仅从水星的重力而言，它是可以存在大气的，而且大气的成分和地球的类似，只是密度小一些而已。

克服水星的重力需要的速度是 4900 米／秒，在普通的温度下，就算是地球大气中运动最快的分子也不能达到这个速度[①]。然而，水星上依然没有大气，为什么会这样呢？因为水星绕着太阳的运动就像月球绕着地球的运动一样，总是以相同的一面对着中心天体。水星绕着太阳旋转一周的时间正好等于它自转一周的时间，所以水星朝着太阳的那一面永远是白天，而背对着太阳的那一面永远是黑夜。显然，水星朝着太阳的一面肯定是炎炎的夏日，因为水星到太阳的距离是地球到太阳的距离的 $\frac{2}{5}$，得到的太阳的热量相当于地球上的 $2.5^2$ 倍，也就是 6.25 倍。相反，水星背对着太阳的那一面则是寒冷的严冬，因为终年见不到太阳，而且另一面的热量又无法通过厚厚的水星本身传过去，它的温度接近寒冷的宇宙空间温度[②]，也就是 -264℃。在昼夜交替的地方，存在一条宽约是 23°的区域，由于水星的天平动，只能在很短的时间内见到太阳。

在这样的气候下，水星上的大气会是什么样子呢？在黑夜长存的一面，大气的形态只能是固体，这样一来，这里的大气压一定非常低；而白昼那一面的大气层会膨胀，流动到黑夜这一面来，然后又变成了固体。因此，水星上的大

---

①参看 2.7 "月球上为什么没有大气？"这一节。

②宇宙空间温度指的是没有日光照射的温度计在宇宙空间所指示的温度，这个温度略高于绝对零度（-273℃），因为星体的辐射线能够发热。

气最终会全部变成固体，存在于黑夜那一面。所以，水星上不可能存在大气，否则就违反了物理规律。

同理，月球不可见的那一面有大气的说法也是毫无根据的。我们可以确定，既然月球的这一面没有大气，那一面也不可能有[①]。因此，威尔斯的长篇小说"月亮里第一批人"只能是幻想了。他在小说中写到，月球上是有大气的。这气体在连续的14个长夜里，首先凝结成液体，然后凝固成固体，当白昼来临的时候，又会恢复成气体。实际上，这样的事情是不可能发生的。霍尔孙教授曾经说过："如果月球黑暗的那一面的大气凝固了，那么，明亮的一面的大气就会跑到黑暗的那一面去，然后凝固起来。当然，在太阳的照射下，固体会变成气体，但这些气体很快又会流动到黑暗的那一面去，并且凝固起来。这样一来，这里的空气相当于不停地经历着蒸馏作用。所以，月球上的空气不会有多大的弹性。"

如果说月球和水星上没有空气的说法已经得到了证实，那么，太阳系中第二接近太阳的金星，它的上面肯定存在大气。

可以确定的是，在金星的大气层中，确切地说是金星的平流层里面含有大量的二氧化碳，大约是地球大气层中二氧化碳含量的一万倍。

## 3.5 金星的位相

有一次黄昏时，著名的数学家高斯请母亲用望远镜观察空中的金星，他想给母亲一个惊喜，让她看一看月牙状的金星。然而，最后觉得诧异的却是他自己，因为他母亲观察之后，并没有对金星的形状感到奇怪，而是反问他，为什么金星月牙的朝向和月球月牙的朝向相反……高斯怎么也没有想到，母球会问

---

[①] 关于天平动参看2.5 "月球的两面"这一节。针对月球的那个近似法则，同样适用于水星的经天平动，也就是说，水星的那一面不是始终朝着太阳，而是朝着它扁长的轨道的另一个焦点。

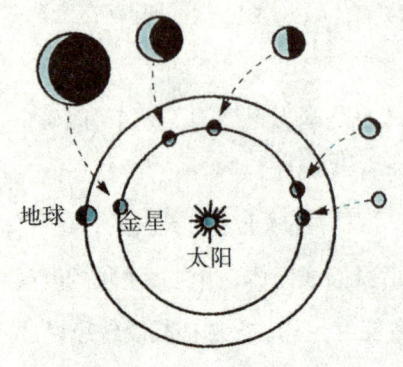

图 3-3 金星的不同位相

出这样的问题。在没有发明望远镜之前，谁也不知道金星和月亮相似，也有自己的位相。

金星位相的特点是，不同的位相有着不同的直径，月牙的直径远远大于满月的直径（图3-3）。原因就在于，金星到地球的距离随着位相发生变化。金星到太阳的距离大约是 10 800 万千米，而地球到太阳的距离大约是 15 000 万千米。显然，金星到地球的最近距离是 4200 万千米，即 (15 000 − 10 800) 万千米；最远的距离是 25 800 万千米，即 (15 000 + 10 800) 万千米。金星到地球的距离就在这个范围内变化。

金星到地球的距离最近时，它黑暗的一面对着我们，此时它的直径最大，但我们看不见。离开"朔金星"这个位置之后，我们见到的就是月牙形的金星，月牙越宽，它的直径就越小。金星最亮的时候，既不是满轮的时候，也不是直径最大的时候，而是中间的某一个位相。当我们看见满轮的金星时，直径视角是 10″；最大的月牙形时，直径视角是 64″。金星最亮的时候，是"朔金星"之后的第 30 天，直径视角是 40″，月牙宽度的视角是 10″。这时，金星的亮度是天狼星的 13 倍，也是天空中最亮的星星。

 3.6 大冲

大家都知道，每隔 15 年，火星就会最亮，也距离地球最近。在天文学上，这个时间称为火星的大冲。例如，在 1924 年和 1939 年出现火星大冲（图3-4）。不过，很少有人知道，为什么每隔 15 年会出现一次大冲。下面我们就详细解释一下。

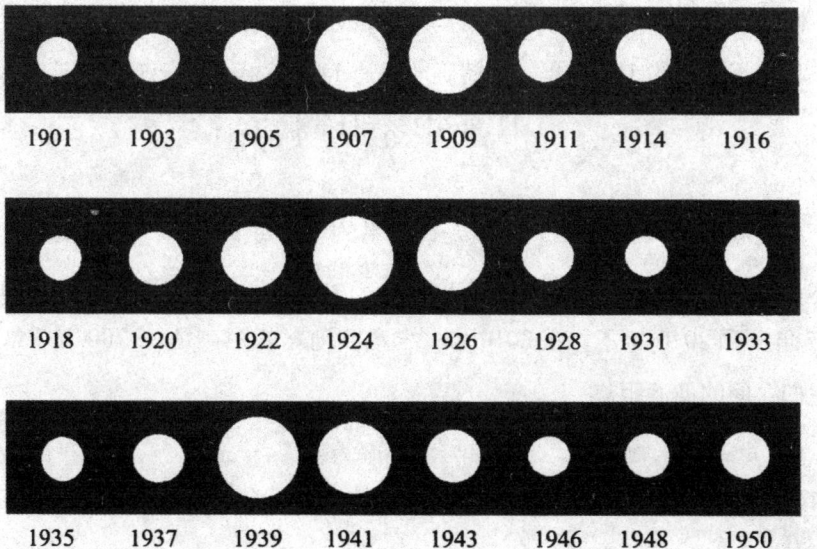

图 3-4 20 世纪上半叶，火星的直视变化，1909 年、1924 年、1939 年出现的是大冲

地球绕着太阳旋转一周的时间是 $365\frac{1}{4}$ 个昼夜，火星是 687 个昼夜。如果某一天地球和火星的距离最近，当它们再一次相距最近时，一定经过了整数个地球年和火星年。也就是说，要求出下面方程的整数解：

$$365\frac{1}{4}x = 687y$$

得出：

$$\frac{x}{y} = 1.88 = \frac{47}{25}$$

把这个分数写成连分数，可以得到：

$$\frac{47}{25} = 1 + \frac{1}{1} + \frac{1}{7} + \frac{1}{3}$$

如果只取前三项，可以得到：

$$1 + \frac{1}{1} + \frac{1}{7} = \frac{15}{8}$$

由此得知，15 个地球年就相当于 8 个火星年。也就是说，每隔 15 年，火星距离地球最近一次（我们把问题简单化了，两个年数之比取的是 1.88，而不是更精确的 1.8809）。

同理，我们也可以求出木星距离地球最近的时期多少年出现一次。木星的一年相当于地球的 11.86 年（更精确地说是 11.862 年），把它化成连分数是：

$$11.86 = 11\frac{43}{50} = 11 + \cfrac{1}{1} + \cfrac{1}{6} + \cfrac{1}{7}$$

前三项的近似值是 $\frac{83}{7}$，也就是说木星的大冲每 83 年（7 个木星年）出现一次。每到这个时候，木星的亮度就最亮。最近的两次木星的大冲分别出现在 1927 年末和 2010 年了。在 2010 年，木星到地球的距离是 58 700 万千米，这是它们之间的最近距离。

## 3.7 木星

木星是太阳系中最大的行星，它的体积是地球的 1 300 倍，有着强大的吸引力，使得一群卫星绕着它运行。天文学家观察到木星有 11 个卫星，伽利略时期就发现了 4 个最大的卫星，还用罗马数字 I、II、III、IV 表示出来。用 III、IV 表示的这两个卫星比水星的体积还大。下面，我们看一下火星、水星、月球，以及木星四大卫星的直径：

火星的直径是 6 788 千米；

水星的直径是 4 850 千米；

月球的直径是 3 480 千米；

木星的卫星 I 的直径是 3 700 千米；

木星的卫星 II 的直径是 3 220 千米；

木星的卫星 III 的直径是 5 150 千米；

木星的卫星 IV 的直径是 5 180 千米。

图 3-5 是具体的图解，大圆表示的是木星，在它直径上排列的小球代表的是地球，左侧是木星的四大卫星，右侧是月球，月球的右边是火星和水星。

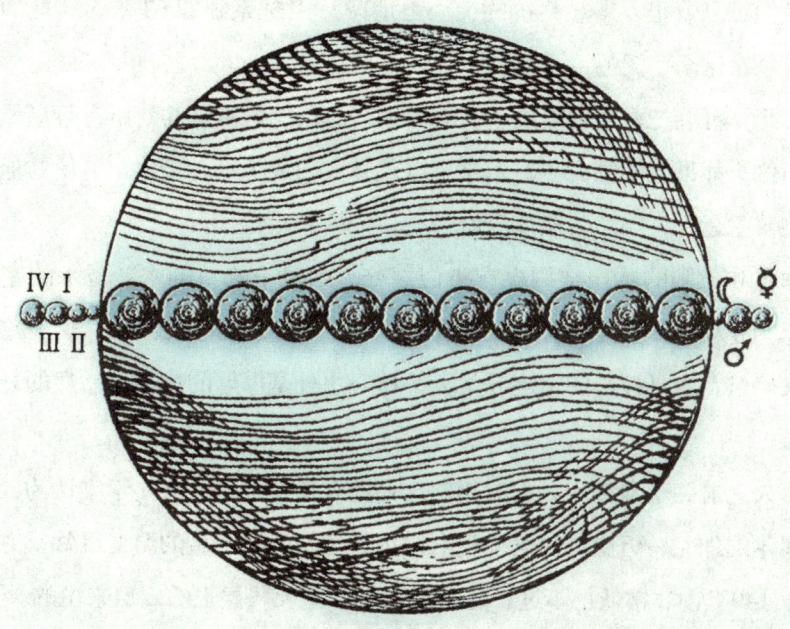

图 3-5 木星和其他星体的比较

应该注意的是，这张图是平面图，而不是立体图，各个圆的面积之比并不是它们的体积之比。我们知道，球的体积和它的直径的三次方成正比。如果木星的直径是地球直径的 11 倍，那么，木星的体积就是地球体积的 1300 倍。了解了这一点后，才能明白木星的真正大小。

至于木星的强大引力，可以通过它和它的卫星之间的距离显示出来，下面的表格就是这种距离。

| 距离 | 千米数 | 比值 |
| --- | --- | --- |
| 从地球到月球 | 380 000 | 1 |
| 从木星到卫星Ⅲ | 107 000 0 | 3 |
| 从木星到卫星Ⅳ | 190 0000 | 5 |
| 从木星到卫星Ⅸ | 24 000 000 | 63 |

我们可以看出，木星系统的大小是地球－月球系统的 63 倍，其他的行星远没有分布这么广泛的卫星系统。

因此，可以把木星比喻成小型的太阳。木星的质量是其他所有行星质量总和的两倍，如果太阳消失了，木星可以代替太阳成为中心天体，迫使其他的行星围绕着它运行，当然，速度会慢一些。

木星和太阳的物理结构也有类似之处。木星上物质的密度是水的密度的 1.3 倍，而太阳的密度是水的 1.4 倍。不过，木星是扁平的结构，这一点使天文学家确信，木星核心的密度非常大，核心之外是厚厚的冰层，冰层的外面是大气层。

不久之前关于木星和太阳的相似之处还有新发现的。天文学家认为，木星没有固体的外壳。但现在，这个观点被推翻了，通过木星的温度得知，它的温度是 $-140℃$，非常低！不过，这是相对于木星大气层上的云层来说的。

木星的低温使我们无法推断它的物理特征，大气层中是否有风暴、云状带、红斑等。要想弄清楚这些，天文学家面临着重重困难。

在木星和它的邻居土星上，还发现了存在大量氮气和沼气的有利证据[①]。

## 3.8 土星环的消失

1921 年，流传着这样的一个耸人听闻谣言：土星环要消失了，土星环的碎片会飞向太阳，在途中会撞上地球，发生巨大的灾难。甚至，连这个灾难的日期都说到了……

---

[①] 在天王星和海王星上，沼气的含量还要多。1944 年，发现在土星的最大卫星泰坦上也存在沼气。——编者注。

这则流言是怎么产生的呢？为什么会传出如此耸人听闻的消息呢？原来那一年有一段时间我们看不见土星环，天文历上的说法是"消失"了。谣言将这个"消失"理解成了物理性的消失，说是土星上的环要破碎不见了。于是，谣言经过添油加醋后，就变成了宇宙的大灾难，还说碎片要落到太阳上去，并且会和地球碰撞。

谁能够想到天文历上一则简单的消息，会引起这么大的风波。那么，为什么土星环会消失不见呢？土星环本来就很薄，厚度只有二三十千米，跟它的宽度比起来，就像是一张纸那样薄。因此，当土星环的侧面对着太阳的时候，上下两面无法被太阳光照到，我们就看不见土星环了。而且，当土星环的侧面正对地球时，我们也看不见土星环。

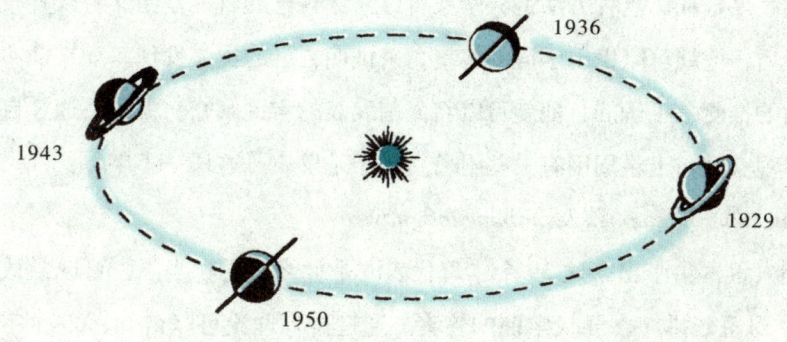

图 3-6 土星绕着太阳旋转一周时，土星环和太阳的相对位置。

土星绕着太阳旋转一周的时间是 29 年，而土星环和地球运行轨道的夹角是 27°，当土星位于它的运行轨道的两个遥遥相对的端点时，土星环的侧面不仅朝着太阳，还正对着地球（图 3-6）。在另外两个端点上，土星环最宽的那一面正对着太阳和地球，这时我们就能看见土星环了。

# 3.9 伽利略的字谜

关于土星环的消失，伽利略觉得十分困惑，先前他看见了这个环，由于不懂环消失的原因，所以没有完成这个重大发现。不过，当时有个习惯，如果某个人有了重大的发现，他就会想办法保留自己的发现权。因此，当有了某项发现，而这个发现还不完善时，科学家为了保护自己的优先权，就会用字谜来表示自己的发现。所谓的字谜就是用一句简单的话来概括自己的发现，然后把这句话的顺序打乱。这种方法是科学家可以继续自己的研究，当又有人宣布了这个发现后，他就可以说出字谜的答案，来证明自己的优先发现。如果证实了自己向前的推测是正确的，他就可以将先前发表的字谜解密。伽利略通过自制的望远镜观察到，土星周围有一些附着物，于是发表了这样一串字母：

*Smaismermilmepoetalevmibuneunagttaviras*

别人根本猜不出来这 39 个字母代表的是什么意思。当然，可以尝试着对 39 个字母重新排序，寻找字谜的答案。通过排列理论可以得知，39 个字母的组合数可以用下面的式子求出来：

$$\frac{39}{3!\ 5!\ 5!\ 4!\ 5!\ 2!\ 2!\ 3!\ 2!\ 2!\ 2!}$$

这个式子等于：

$$\frac{39!}{2^{19} \times 3^6 \times 5^3}$$

这个数字有 36 位，而把一年的时间转化成秒，也不错是 8 位数而已。现在可以看出，伽利略的保密工作做得多好。

和伽利略同时代的意大利科学家开普勒，花费了很长时间去研究伽利略的字谜。最后，他把伽利略的 39 个字母删去了 3 个，组成了一句拉丁语：

*Salve,umbestineum geminata Martia proles.*

（向您致敬，孪生子，火星的产生）

开普勒认为，伽利略发现了火星的两个卫星。他自己也曾经认为存在着这样的两个卫星①（250年后，确定了火星确实有两个卫星）。然而，开普勒的猜测是错误的。当伽利略公布了字谜的答案后，人们才明白，去掉两个字母就可以得到这样的一句话：

Altissimam planetam tergeminum observavi.

（我曾经看见三个最高行星）

原来，通过自制的望远镜，伽利略看见土星两边各有一个附属东西，却不知道那是什么东西。几年之后，土星两边的附属物消失了，所以伽利略断定自己当时看错了，得出结论，土星周围其实没有附属物。

50年后，惠更斯发现了土星环。和伽利略相同，他没有马上发表自己的发现，而是发表了一串字母：

Aaaaaaaccccccdeeeeeghiiiiiiilllmmnnnnnnnnooooppqrrsttttuuuuu

三年后，他确定了自己的推理是正确的，于是公布了谜底：

Annulo cingitur,tenui,plano,nusquam cohaerente,ad eclipticam inclinato.

（有一条既薄又平的环环绕着，它不跟任何东西相接触，只跟黄道斜交）

## 3.10 冥王星

以前，我曾经在书中写到，太阳系中距离太阳最远的行星是海王星，它和太阳的距离是地球到太阳距离的30倍。现在看来，这种说法是错误的，因为1930年，我们在太阳系中发现了一个新的行星，那就是比海王星还远的冥王星。

---

① 在这里，开普勒判断火星的卫星数依据的是级数的假设：已知地球有一个卫星，木星有4个卫星，他认为处于地球和木星之间的火星有2个卫星。1877年，豪尔通过强大的望远镜发现了火星的确有2个卫星，开普勒的推测才被证实。

这项发现并不完全出人意料，天文学家早就认为，在比海王星更远的地方还存在着不知名的星星。100多年前，某些人认为太阳系中最远的行星是天王星。使用数学方法，英国数学家亚当斯和法国天文学家勒威耶发现，有一颗比天王星更远的行星存在于太阳系中。后来人们发现，这个用笔推算出来的行星就是海王星，并且用肉眼就可以看见。

不过，海王星的存在还是不能完全解释天王星的不规则运动。于是，有人提出，在更远的地方可能还存在一颗星。数学家开始推算，他们想找出这颗星星。很多方案被提出来，这颗星和太阳的距离有着多种说法，关于这颗星的重量也是众说纷纭。

1930年（更确切的说法是1929年底），通过功能强大的望远镜，天文学家汤姆波在太阳系的边缘找到了这颗星，后来被命名为冥王星。

冥王星的轨道就在之前提到的一条轨道附近，但一些天文学家认为，这不是数学家的功劳，只是轨道重合的偶然巧合而已。

对于这个新的行星，我们了解多少呢？截止目前为止，知道的还很有限。它在太阳系的边缘，几乎受不到太阳的照射，即使使用最强大的工具也无法准确地测量出它的直径。只知道，它的直径大约是5900千米，也可以说是地球直径的0.47倍。

冥王星的运行轨道非常狭窄，偏心率是0.25，这条轨道相对于地球轨道来说，倾斜度是17°，冥王星到太阳的距离是地球到太阳距离的40倍。另外，冥王星绕着太阳旋转一周需要的时间是250年。

在冥王星的上空，太阳的亮度很弱，是地球上空亮度的$\frac{1}{1600}$，看起来像一个有着45°的小圆盘，大小类似于我们见到的木星。不过，有一个非常有趣的问题：冥王星上空的太阳和地球上空的满月相比较，哪一个更明亮？

其实，冥王星并不像我们所想象的那样暗淡无光。太阳的亮度是地球上满月亮度的440 000倍，而冥王星上空的太阳亮度是地球上空的$\frac{1}{1600}$，因此，冥王星上空太阳比地球上空的满月亮275倍（440 000÷1600）。如果冥王星的天空和地球上的天空一样，那么，太阳的亮度就相当于 275 个地球上空满月的亮度，比圣彼得堡最亮的夜晚还要亮 30 倍。所以，不应该把冥王星称为黑暗的王国。

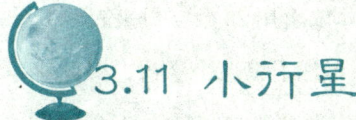

## 3.11 小行星

前面我们所讨论的行星并不是行星的全部，只是几个比较大的行星而已。此外，太阳系中还有很多小行星，它们也围绕着太阳运动，统称为"小行星"。在这些小行星中，最大的是谷神星，直径是 770 千米，比月球还要小，它和月球的体积之比大约等于月球和地球的体积之比。

1801 年 1 月 1 日，发现了这颗最大的小行星。19 世纪，一共发现了 400 多个小行星。这些小行星都在木星和火星的轨道之间，绕着太阳运行，大家认为所有的小行星都在这两个轨道之间。

20 世纪以来，发现的小行星越来越多，早就突破了这个范围。其实，1898 年发现的爱神星就突破了这个范围，它的轨道有一部分不在木星和火星的轨道范围内。1920 年，天文学家发现了小行星希达尔哥，它的轨道不仅和木星的轨道相交，还延伸到土星轨道的附近。这个小行星还有一个显著的特点：在发现的所有行星中，它的椭圆轨道最扁，偏心率是 0.66，并且和地球轨道所成的角度最大，大约是 43°。

需要说明的是，为了纪念在墨西哥革命战争中死亡的希达尔哥和卡斯迪利亚这两位英雄，所以这颗小行星的名字是希达尔哥。

1936 年，发现了小行星阿多尼斯，它的轨道更扁，偏心率是 0.78。这颗小行星的特点是：它的运行轨道的最远的一端到太阳的距离，几乎和木星到太阳的距离一样，而最近的一端距离水星的轨道很近。

1949 年，发现了小行星伊卡鲁斯，它的运行轨道非常奇特，偏心率大约是 0.83，到太阳的最远距离是地球轨道半径的 108 倍，最近距离是地球到太阳的平均距离的 $\frac{1}{5}$ 左右。在已知的所有小行星中，它到太阳的距离是最近的。

用来登记小行星的方法很有趣，这种方法不但可以登记小行星，还可以用在其他的天文事件中。首先，写出发现小行星的年份；然后，用相应的字母表示发现的日期属于哪个半月（把一年分成 24 个半月，依次用 24 个字母来表示）。

如果一个月中发现了好几颗小行星，就在后面再加上第二个字母，以此来加以区分。当 24 个字母都用完了，就从头开始，但需要在字母的右下角标上数字。例如，1932$EA$1 表示在 1932 年 3 月的上半月发现的第 25 颗小行星。

在众多的小行星中，用天文仪器只能观察到其中的一小部分，大部分无法看到。根据推算可知，太阳系中大约有 4～5 万个小行星。

小行星的大小各异，像谷神星、智神星（直径 490 千米）这样的大型小行星很少，直径在 100 千米以上的有 70 多个，大部分直径在 20～40 千米之间。还有一些极小的小行星，直径只有 2～3 千米（极小是天文学上的相对说法）。虽然被发现的小行星很少，但把发现的和未被发现的小行星全部加起来，它们的质量大约是地球质量的 $\frac{1}{1600}$。天文学家认为，在使用现代望远镜所能发现的小行星中，已经发现的仅仅是其中的 5%。

苏联最权威的小行星专家涅维明说过：

"也许大家认为所有小行星的物理性质是相似的，实际上，它们之间有着极大的区别。例如，单就反射太阳光的能力而言，前四颗小行星的情况就不同：谷神星和智神星的反射能力类似于地球上的黑色岩石，婚神星类似于浅色的岩石，而灶神星的反射能力和白雪一样。大家可能觉得，这种情况和大气的折射有关系。但是，小行星是很小的，它们上面绝对没有大气。所以，它们反射能力的大小是由表面的物质决定的。"

有些小行星看起来也会闪动，这表明它们的形状不规则，也说明它们在自转。

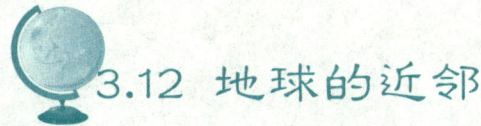

## 3.12 地球的近邻

前文提到的小行星阿多尼斯，它的特点不仅是它的轨道非常扁，类似于彗星的轨道，而且它到地球的最近距离很近。发现的那一年，阿多尼斯到地球的距离是 150 万千米，当然比月球到地球的最近距离远得多，虽然月球的体积比较大，就等级来说，它还是低一级。因为月球不是独立的行星，只是从属于行星的卫星。另一个小行星阿伯伦也是地球的近邻，发现它的那一年，它到地球的最近距离是 300 万千米，就行星间的距离而言，这样的距离是很短的。因为火星到地球的最近距离是 5600 万千米，金星到地球的最近距离大于 4200 万千米。有趣的是，这颗小行星的轨道有时候距离金星更近，只有 20 万千米，是月球到地球距离的一半。到目前为止，这两颗小行星是所有的小行星中距离地球最近的。

阿伯伦还有一个特点，它是天文学家当时发现的最小的行星，直径不到 2 千米，甚至更小。1937 年，发现了小行星赫尔麦斯，它的直径还不到 1 千米。它的显著特点是，在接近地球的时候，它到地球的距离和到月球的距离几乎相等，大约是 50 万千米。

从这个例子中可以看出，天文学家口中的"小"很有趣。一颗袖珍型的小行星，它的体积大约是 0.52 立方千米，也就是 520 000 000 立方米，如果是用花岗岩做成的，质量就是 15 000 000 00 吨。这么重的花岗岩，可以建造 300 个埃及金字塔。

由此可知，天文学上的"小"并不是通常意义上的小，和我们认为的小显然有着天壤之别。

## 3.13 木星的伙伴

在目前已知的 1 600 个小行星中,有一组比较奇特的小行星,它由 15 颗小行星组成,它们的名字和特洛伊战争中的英雄相同:阿喀琉斯、巴特罗克尔、赫克托耳、涅斯特利安、阿伽门农等。它们绕着太阳旋转的轨道很有特点,无论什么时候,它们中的任何一个和太阳、木星都是等边三角形的三个顶点,所以这一组小行星称为木星的伙伴,它们跟着木星前进,有的在木星的前面 60° 的地方,有的在后面 60°,并且它们绕着太阳旋转一周所用的时间相同。

这些小行星和太阳、木星组成的等边三角形有着很好的平衡性,一旦某个小行星离开了它的位置,引力就会把它拉回来。

在发现这组小行星之前,法国数学家拉格朗日在研究中,就提到过三个天体之间的平衡问题。他觉得这是一个非常有趣的问题,在宇宙中很难找到这样的具体例子。然而,研究小行星的人却找到了。从上面的论述中可以看出来,仔细研究众多的小行星①,将会促进天文学的发展。

## 3.14 行星上的天空

前文我们已经说过月球上的天空,下面我们就去各个行星上,观察一下不

---

① 小行星数目的不断增加,给天文学的研究带来了麻烦,有些人说:"再去追求小行星的数目是没有意义的,只会使已知的行星的研究受损……近几年,发现小行星的次数越来越多,人们已经不能像从前那样好好地研究行星了……到 1934 年 6 月,登记的小行星有 1264 个,有 271 个处于'受威胁'位置,也就是说它们的轨道知道得不确切,随时可能失踪……对于新发现的小行星,只要去观察最亮的、在理论上最有意义的几颗就足够了。"

同的天空景色。

首先，我们去金星游览一番。如果金星上的空气足够透明的话，那么，我们在金星上看到的太阳就会比地球上看到的大一倍（图3-7）。同时，太阳照射到金星上的光和热是地球上的两倍。夜晚，金星的上空中有一颗特别明亮的星星，这就是我们的地球。在金星上见到的地球的亮度，远远大于地球上见到的金星的亮度，虽然两者的大小类似。这一点很容易解释，因为金星到太阳的距离短于地球到太阳的距离，当金星最接近地球的时候，它背对着太阳的一面朝着我们，所以我们看不见它。当它远离一些的时候，我们看见的是狭窄的月牙形，那只是金星表面很小的一部分。挂在金星空中的地球，当它和金星的距离最近的时候，却是一个完整的圆，就像我们见到的火星大冲。

图 3-7 从地球和各个行星上看到的太阳

因此，金星上空最亮的星星是地球，比我们在地球上见到的金星亮6倍，需要指出的是，金星的空中应该是清澈的才可以。但是，我们不能就此判定，金星上的"灰色光"是由于地球的照射形成的。就强度来说，地球照到金星上

113

的光相当于 35 米外的一支蜡烛发出的光,这不可能在金星上形成"灰色光"。

除了地球的光,金星的上空还有月光,而且月光的亮度是天狼星的 4 倍。在太阳系中,很难找出比金星空中的"地球－月球"系统更亮的了。在金星上,月球和地球位于不同的地方,通过望远镜还可以观察到月球表面的细节。

在金星的上空中,还有一颗很亮的行星,那就是水星,它是金星的晨昏星。从地球上观察,水星也是非常亮的一颗星,天狼星都比不上它。从金星上看,水星的亮度是地球上的 3 倍。此外,火星的亮度只有地球上亮度的 $\frac{2}{5}$,还比不上我们见到的木星。

至于那些不动的星星,在各个行星的空中的状态是一样的。不管是从水星、木星、土星上看,还是从海王星、冥王星上看,它们的样子都不变,因为这些星星距离我们太远了,根本看不出有什么变化。

接下来我们要离开金星,飞到比它小一些的水星上去。这里没有大气,也没有昼夜交替的现象。在水星的空中,太阳是一个很大的圆面,就面积而言,比地球上空的太阳大 5 倍(参看图 3-7)。水星上空中的地球的亮度,比地球天空中的金星亮一倍,这里的金星也非常亮。在没有云彩的黑暗的水星上空中,金星的亮度可以称为太阳系中最亮的星星。

现在我们去火星,这里见到的太阳的圆面是地球上见到的一半(参看图 3-7)。地球是火星的晨昏星,就如同地球上的金星,只是比金星暗一些,相当于在地球上见到的木星的亮度。在火星上,永远见不到全位相的地球,最大的是地球表面的 $\frac{3}{4}$。月亮的亮度和天狼星一样,用肉眼就可以看见。如果使用望远镜,就可以看见地球和月球的相位变化。

在火星上,最引人注意的是它那颗最近的卫星——福波斯。它的直径只有 15 千米,所以体积很小,由于它距离火星很近,所以满轮时的亮度是金星亮度的 25 倍。另一个卫星德莫斯要暗一些,但仍比火星上空中的地球亮一些。在火星上,可以清楚地看见福波斯的位相,视力敏锐的人,还可能见到德莫斯的位相。

在去别的行星之前，我们先到距离火星较近的卫星上看一下。这里有着别样的风景：空中挂着一个巨大的圆盘，位相变化得非常快，比地球上见到的满月要亮几千倍，这就是火星。它的圆面的视角是 41°，大小是月亮的 80 倍，这样的奇景只有木星最近的卫星上才观察得到。

下面我们就去木星上瞧一瞧。如果木星的上空是清澈的，那么，就面积而言，它空中的太阳是地球上空太阳的 $\frac{1}{25}$（参看图 3-7）。因此，木星上得到的太阳的光和热也是地球上的 $\frac{1}{25}$。这里白昼的时间只有 5 个小时，黑夜占了绝大部分。在这里可以找到我们熟悉的行星，但发生了很大的变化。只有在黄昏的时候，通过望远镜才能看见金星和地球①，它们和太阳一起落下去。火星看起来非常暗，但土星和天狼星很亮。

在木星的天空上，它的卫星占据着显要的位置。卫星Ⅰ、Ⅱ的亮度类似于地球天空中的金星，卫星Ⅲ比在金星上看到的地球还要亮一倍，卫星Ⅳ、Ⅴ比天狼星亮很多。至于这些卫星的大小，前四个卫星的视半径比太阳的半径还要大。前三个卫星在旋转的过程中会没入木星的阴影里，所以我们无法看见它们的完整位相。木星上也有日全食，但只存在于非常狭窄的地带内。

木星上的大气没有地球上的清澈，因为这里的大气层太厚、太稠密。由于大气的密度很大，光的折射会引起奇特的光学现象。在地球上，光的折射不太明显，所以我们看见的天体的位置比实际的位置高一点（参看图 1-15）；在木星上，光的折射非常明显，从木星表面发出的光线由于偏折很厉害，所以不能进入大气层，而是折向木星的表面（图 3-8），就像是地球大气中的无线电波。这样一来，站在发光点的人就会看见特别的景致，他觉得自己站在一个大碗的底部。这时，木星的表面几乎都在碗底，靠近碗的边缘的部分发生了紧缩，碗口的上面是整个天空，而不是我们在地球上见到的半个天空，只是碗边的轮廓比较暗淡、模糊而已。太阳永远挂在空中，因此，半夜的时候我们在任何地方都能见到太阳。然而，木星上是否真有这样的景色，还是一个未解之谜。

---

① 在木星的天空中，地球的亮度相当于一个 8 等星。

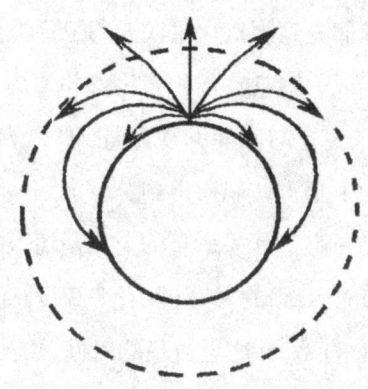

图 3-8 光线在木星大气层中可能发生的偏折

在木星比较近的卫星上，可以看到美丽的木星风景（图 3-9）。例如，从它最近的卫星——第五卫星上看，木星的直径大约是月球直径的 90 倍[①]，亮度是太阳亮度的 $\frac{1}{7}$ 到 $\frac{1}{6}$。当木星的下边缘接近地平线的时候，上边缘还在半空中；当木星没入地平线的时候，它的圆面占据的面积是地平圈的 $\frac{1}{8}$。在这个快速转动的圆面上，不时有小黑点经过，这些小黑点就是木星的卫星形成的影子。不过，这些影子没有什么影响，只是使圆面暗了一些而已。

图 3-9 从木星的第五卫星上见到的木星景色。

① 从这个卫星上看，木星的视角大于 44°。

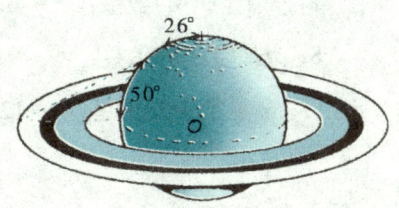

图 3-10 土星上的光环

最后，我们到土星上走一走，看一看久负盛名的土星环。

我们会发现，并不是任何地方都能见到土星的光环。从土星的南北纬度64°到南北极之间，这里没有一点光环。站在极地的边缘，仅仅能看见光环的外缘（图 3-10）。从纬度64°到35°之间，看见的光环越来越宽阔。在纬度35°的地方，就能看到完整的光环了。这时，光环的视角最大，有12°。越靠近赤道，光环的宽度越窄，而且离"地平线"越高。站在赤道上就会发现，光环在天顶，只能看到它的侧面，像是一条狭窄的带子。

上面所说的并不是光环的所有情况。需要注意的是，被太阳照亮的只是光环的一面，另一面仍然是阴影。因此，只有站在被照亮的光环那一半土星上，才能看见光环。在土星的上半年，我们只有在白昼的时候，在土星的这一半球上才能看见光环。在夜间，可以看见光环的很短的时间内，光环的一部分就会没入土星的阴影里。最后，需要说明的是，土星的赤道地区，在许多地球年里都处于光环的阴影之中。

从土星最近的卫星上观察到的土星，毫无疑问是最美的景色。尤其土星是月牙形的时候，土星和它的光环是最别致的风景，在太阳系中难以找到第二个。空中会出现一个非常大的月牙形，有一条狭带横在月牙形的腰部，这就是光环的侧面。在月牙形和狭带的周围，环绕着土星的一群卫星，这些卫星也是月牙形的，只是小很多。

下面列出各个行星在别的行星上空中的亮度对比，从小到大依次是：

1. 水星空中的金星；　　　2. 金星空中的地球；　　　3. 水星空中的地球；

4. 地球空中的金星；　　5. 火星空中的金星；　　6. 火星空中的木星；

7. 地球空中的火星；　　8. 金星空中的水星；　　9. 火星空中的地球；

10. 地球空中的木星；　　11. 金星空中的木星；　　12. 水星空中的木星；

13. 木星空中的土星。

其中，第 4、7、10 这三项是我们所熟悉的亮度，可以当作评估其他的行星上空中天体亮度的标准。从上面的亮度对比中可以看出，地球在太阳附近的几个行星（金星、水星、火星）空中的亮度居首位。在水星的天空中，地球的亮度比地球上看到的金星和木星的亮度都大。

在下一章中，我们还会详细比较地球和其他行星的亮度。

## 大小、质量、密度、卫星数量

| 行星名称 | 平均直径 | | 体积 (地球=1) | 质量 (地球=1) | 密度 | | 卫星数量 |
|---|---|---|---|---|---|---|---|
| | 可视直径 秒 | 实际直径 千米　地球=1 | | | 地球=1 | 水=1 | |
| 水星 | 13～4.7 | 4700　　0.37 | 0.050 | 0.054 | 1.00 | 5.5 | —— |
| 金星 | 64～10 | 12400　　0.97 | 0.90 | 0.814 | 0.92 | 5.1 | —— |
| 地球 | —— | 12757　　1 | 1.00 | 1.000 | 1 | 5.52 | 1 |
| 火星 | 25～3.5 | 6600　　0.52 | 0.14 | 0.107 | 0.74 | 4.1 | 2 |
| 木星 | 50～30.5 | 142 000　　11.2 | 1295 | 318.4 | 0.24 | 1.35 | 12 |
| 土星 | 20.5～15 | 120 000　　9.5 | 745 | 95.2 | 0.13 | 0.71 | 9 |
| 天王星 | 4.5～3.4 | 51 000　　4.0 | 63 | 14.6 | 0.23 | 1.30 | 5 |
| 海王星 | 2.4～2.2 | 55 000　　4.3 | 78 | 17.3 | 0.22 | 1.20 | 2 |

距离太阳的距离、公转周期、自转周期、引力

| 行星名称 | 平均半径 | | 轨道偏心率 | 公转周期单位：地球年 | 在轨道上的平均速度单位：千米/秒 | 自转周期 | 赤道与轨道平面倾斜度 | 引力（地球=1） |
|---|---|---|---|---|---|---|---|---|
| | 天文单位 | 百万千米 | | | | | | |
| 水星 | 0.38 | 57.9 | 0.21 | 0.24 | 47.8 | 88日 | 5.5 | 0.26 |
| 金星 | 0.723 | 108.1 | 0.007 | 0.62 | 35 | 30日？ | 5.1 | 0.90 |
| 地球 | 1.000 | 149.5 | 0.017 | 1 | 29.76 | 23小时56分 | 5.52 | 1 |
| 火星 | 1.524 | 227.8 | 0.093 | 1.88 | 24 | 24小时37分 | 4.1 | 0.37 |
| 木星 | 5.203 | 777.8 | 0.048 | 11.86 | 13 | 9小时55分 | 1.35 | 2.64 |
| 土星 | 9.539 | 1426.1 | 0.056 | 29.46 | 9.6 | 10小时14分 | 0.71 | 1.13 |
| 天王星 | 19.191 | 2869.1 | 0.047 | 84.02 | 6.8 | 10小时48分 | 1.30 | 0.84 |
| 海王星 | 30.071 | 4495.7 | 0.009 | 164.8 | 5.4 | 15小时48分 | 1.20 | 1.14 |

最后，我们附上一些关于太阳系的数字，供大家参考使用。

太阳：直径是1 390 600千米，体积是（地球是1）1 301 200，质量是（地球是1）333 434，密度是（水是1）1.41；

月亮：直径是3 473千米；体积是（地球是1）0.0203，质量是（地球是1）0.0123，密度是（水是1）3.34，到地球的平均距离是384 400千米。

图3-11是几个行星被放大100倍后的情况，为了便于比较，左边是放大相同倍数的月亮（在距离图25厘米处观察，即明视距离处）。在图的右边，最上面是从地球上看到的最近、最远的水星，其次是金星，接下来是火星，再下面是木星和它的四大卫星，最下面是土星和它的最大卫星。

图 3-11 通过望远镜放大 100 倍后的月球和行星,这张图要距离眼睛 25 厘米观看,这时看见的效果和放大 100 倍的望远镜一样

这张图应当放在离眼 25 厘米处看，在这个跟离上观看的效果与通过 100 倍的望远镜时所见的一样。

# 第4章

## 恒星

# 第4章 恒星

## 4.1 恒星为什么会发光？

我们在夜间仰望天空时，就会看见闪闪发光的星星，那就是恒星。

恒星会发光芒的原因就在于我们的眼睛，因为我们的眼珠不是透明的，也不像玻璃那样有着均匀的构造，而是一种纤维组织。在"视觉理论的成就"一文中，赫尔姆霍尔兹曾经说过：

"眼睛所看见的发光点的像，通常并不发光，只是构成眼珠的纤维是沿着六个方向排列成辐射状，那些好像从恒星、路灯等发出的光线，其实是眼珠辐射结构的体现。由于眼睛的这一缺陷，我们把辐射状的图形统称为星形。"

在不借助望远镜的情况下，有一种方法可以摆脱眼睛的这种缺陷，使我们看见没有光芒的星星。400年前，达·芬奇就发现了这个方法："用针尖在纸上扎一个小洞，把眼睛贴在小洞上去看星星，这时会看见一个很小的星星，而且没有光芒。"

达·芬奇的实验证明了赫尔姆霍尔兹所说的恒星光芒[1]的理论，透过一个极小的小孔，会有一条非常细的光线通过我们眼珠的中心部分来到我们的眼睛里，这样一来，眼珠的辐射结构就无法发挥作用了。

因此，如果我们的眼珠不是辐射状的结构，就不会看见闪闪发光的恒星，而是许多的小小发光点。

---

[1] 这里所说的恒星的光芒并不是我们挤着眼睛看星星时，从星星延伸到我们眼中的光线，而是由睫毛的光的绕射作用形成的。

## 4.2 为什么恒星闪烁发光，而行星的光芒很稳定？

即使是一般人，也很容易分辨出恒星和行星，因为恒星会闪烁，而行星的光芒很稳定，而且，接近地平线的恒星，还会不停地变换颜色。弗兰马里翁曾经说过："这种忽明忽暗、忽白忽绿又忽红的光芒，就像是光彩夺目的钻石，使天空都活起来了，人们觉得星星后面有一双眼睛在看着自己。"寒夜或者有风的时候，还有雨后无云的空中，恒星更加明亮，颜色变化得更频繁[①]；地平线附近的星星比高挂在空中的星星闪烁得更厉害，白星比黄星和红星更闪烁。

和光芒相同，闪烁也不是恒星的固有性质。星光在达到我们眼睛之前，会先穿过大气层，大气赋予了它们闪烁的外表。如果我们站在大气层的上面，看见的不是闪烁的恒星了，而是稳定的星光。

在炎热的夏天，太阳炙烤着大地，远处的东西看起来像是在颤抖，这就是恒星闪烁的原因。

由于星光穿过的地球大气层的性质不同，所以我们看到的明亮程度也不同。各层大气的温度不同，密度也不同，从而导致光线偏折的程度不同。在这样的大气层中，好像存在着许多的三棱镜、凸透镜和凹透镜，它们不停地改变着星光的位置。因此，星光在达到地面之前，会经过多次偏折，有时汇聚，有时分散，所以我们看见的星光忽明忽暗。而且，星光在偏折的同时，还会发生色散，这就导致了星光颜色的变化。

在研究了恒星的闪烁之后，普尔科夫天文台的天文学家季霍夫写到："有

---

①在夏天，如果星星闪烁得很厉害，那是下雨的前兆，因为代表着气旋将要来临。雨前的星光主要是蓝色，而干旱时的星光是绿色的。

一个方法可以计算星光在一定的时间内颜色变化的次数,虽然这种变化非常快,一秒钟是几十次,甚至是一百多次。取一个双筒望远镜,锁定一颗非常亮的恒星,然后快速地旋转望远镜的物镜。这时,我们看见的不是恒星,而是一个色彩各异的光环。在恒星闪烁得比较慢,或者飞快地旋转物镜的时候,这个光环不会分裂成星星,而是分裂成一条条颜色各异、长短不同的弧线。"

下面,我们解释为什么行星不像恒星那样闪烁,而是发出稳定的光芒。相对于恒星来说,行星距离地球近得多,所以我们看见的不是一个个的发光点,而是发光的小圆面,只是这种圆面的视角小到让人无法察觉出来。

圆面上的每一个点都在发光,并且发出的光都在闪烁,只是在不同的时间里,每个点发出光的明暗、颜色不同,因此它们能够互补。暗的和亮的光合在一起,使得整个行星的光的亮度比较稳定,不会产生变化,这就是行星不闪烁的原因。

也就是说,由于行星的各个发光点在不同的时间里闪烁,从而形成了互补,所以我们看见的行星不闪烁。

## 4.3 白天是否能看见恒星?

白昼时位于我们头顶上的星星,半年前的夜里我们看见过它们,半年后的夜晚仍然会看到。白昼时我们为什么看不见它们呢?那是因为空气中的尘埃漫射的太阳的光比恒星的光要亮得多[①] 。

用一个简单的实验,就可以让我们明白为什么白天看不见恒星。找一个硬纸匣,用针在侧壁扎几个小孔,使它们按照某一星座排列,然后在侧壁外面贴上一张白纸,把匣子放在一个黑暗的屋子里,在匣子里面点燃一支蜡烛。这时,

---

① 在高山上,由于空气比较稀薄,尘埃也比较少,白昼时也能看见最亮的恒星。例如,在5000米的阿拉拉特山顶,下午2点能清楚地看见一等星,那里的天空是蓝色的。

在白纸上就会出现一些明亮的小点,这就是夜晚空中的星星了。如果在黑暗的屋子里打开一盏灯,虽然匣子里的蜡烛还亮着,但纸上的"人造星星"消失了,这和白天看不见恒星的道理相同。

经常有人这样说,站在深坑里、深井里或者很高的烟柱的底部,就可以在白天看见空中的恒星。这种说法一度很流行,许多人都相信。近几年,有些人对这种说法进行了考证,证明它是错误的。

其实,就算是提出这个观点的人,不管是亚里士多德,还是 19 世纪的约翰·赫歇尔,他们都没有亲自证实过,只是说别人见到过上面的情景。那么,这些"亲历者"的证据可靠吗?我们看了下面的例子就知道了。美国杂志的某篇文章曾经写到,在井底白昼看见恒星的说法完全是无稽之谈。不过,一位农场主坚持说,他曾经在一个深 20 米的地窖,白昼时见到了五车二和大陵五这两颗星星。后来证明,就农场主所在的纬度,以及他所说的日期,这两颗星星根本不会经过天顶,更别说看见它们了。

从理论上来讲,深井或者矿坑在白昼看见星星的说法毫无根据。我们已经知道,白天看不见恒星是因为它们的光芒被太阳的光芒覆盖了,这种情况并不会随着位置的改变而改变。站在井底的时候,尽管井壁挡住了侧面的光芒,但井口上面空气中的尘埃依然会漫射太阳光,使得我们无法看见恒星。

在这种情况下,井壁遮挡了大部分的强光,使我们的眼睛可以看得更清楚些,但只能看见很亮的行星,而看不见恒星。

利用望远镜在白天观察星星,并不是人们认为的"从管底"观察的结果,而是玻璃透镜的折射作用,或者是反射镜的反光作用,使得被观察的天空变暗了,而恒星却被加亮了。通过物镜直径是 7 厘米的望远镜,在白天就可以看见一等星和二等星,但深井是不能和望远镜相比的。

不过,金星、木星、大冲时的火星是另外一回事,它们比恒星亮得多,所以在合适的条件下,白天是可以看见这些行星的(参看 3.1 "白昼时观察到的行星"这一节)。

# 4.4 星星的等级

我们总是听说一等星、二等星，但很少人听说过更亮的星星——零等星，甚至是负等星。大家可能会觉得疑惑，为什么最亮的星是负等星呢？例如，我们的太阳就是"负27等星"。有些人甚至会觉得，这里负数的概念是不对的，下面我们就具体讲解一下。

首先，我们应该明白，这里所说的"等"不是星体的大小，而是星体的亮度。古时候，人们把黄昏时看见的最亮的星星称为一等星，然后是二等星、三等星，一直到用肉眼可以看见的六等星。在今天，这种主观地划分方法已经不适用了，人们制定了更好的星体分类方法。理论基础是：已知的一等星的平均亮度（这些星星的亮度也是各不相同的），是肉眼可见的最不亮的六等星的100倍。

这样一来，就可以推算出星星的亮度比率，也就是两个相邻的等级之间相差多少倍。如果亮度的比率是 $n$，那么，我们可以得知：

一等星的亮度是二等星的 $n$ 倍；

二等星的亮度是三等星的 $n$ 倍；

三等星的亮度是四等星的 $n$ 倍等。

如果把一等星的亮度和其他等级星星的亮度作一个比较，可以得到：

一等星的亮度是三等星的 $n^2$ 倍；

一等星的亮度是四等星的 $n^3$ 倍；

一等星的亮度是五等星的 $n^4$ 倍；

一等星的亮度是六等星的 $n^5$ 倍。

通过计算可以得知，$n = \sqrt[5]{100} = 2.5$，所以两个相邻等级之间相差2.5倍[①]。

---

[①] 严格来说，亮度比率的数值是 2.512。

## 4.5 恒星代数学

我们来分析一下最亮的恒星组，我们已经知道这些星星的亮度是不同的，有的比平均亮度亮一些，而有的比平均亮度暗一些（它们的平均亮度是肉眼刚能看见的星体的 100 倍）。

我们想一下，比一等星更亮的星星怎么表示呢？也可以说数字 1 的前面是什么呢？很明显，答案是 0。这就说明，这些星星应该称为"零等星"。那么，亮度是一等星的 1.5 倍或者 2 倍的星星怎么表示呢？显然，它们位于零等星和一等星之间，此时的星星的等级应该是正的小数。这就是人们通常所说的 0.9 等星、0.6 等星等，它们都比一等星要亮。

现在我们就明白了，为什么会出现用负数表示的星星的等级。因为有一些星星的亮度超过了零等星，它们的亮度应该用 0 前面的数字来表示，就只能是负数了。这样，就出现了负 1 等星、负 1.6 等星、负 2 等星，等等。

在天文学中，星星的等级是用特殊的仪器测量出来的，这种仪器就是光度计。借助这种仪器，可以把星星的亮度和已知星体的亮度相比较，或者是和仪器中的人工星星作对比。

在天空中，最亮的恒星是天狼星，它是负 1.6 等星。在南半球可见的老人星，它的等级是负 0.9。在北半球，最亮的是织女星，它是 0.1 等星。此外，五车二和大角是 0.2 等星，参宿七是 0.3 等星，南河三是 0.5 等星，和鼓二是 0.9 等星（需要注意的是，0.5 等星比 0.9 等星亮，以此类推）。下面，我们把天空中最亮的星星和它们的等级列出来（括号中是星座名称）：

| 星星的名称 | 等级 | 星星的名称 | 等级 |
| --- | --- | --- | --- |
| 天狼（大犬座 α 星） | −1.6 | 参宿四（猎户座 α 星） | 0.9 |
| 老人（南船座 α 星） | −0.9 | 河鼓二（天鹰座 α 星） | 0.9 |
| 南门二（半人马座 α 星） | 0.1 | 十字二（南十字座 α 星） | 1.1 |
| 织女（天琴座 α 星） | 0.1 | 毕宿五（金牛座 α 星） | 1.1 |
| 五车二（御夫座 α 星） | 0.2 | 北河三（双子座 β 星） | 1.2 |
| 大角（牧夫座 α 星） | 0.2 | 角宿一（室女座 α 星） | 1.2 |
| 参宿七（猎户座 β 星） | 0.3 | 心宿二（天蝎座 α 星） | 1.2 |
| 南河三（小犬座 α 星） | 0.5 | 北落师门（难鱼座 α 星） | 1.3 |
| 水委一（波江座 α 星） | 0.6 | 天津四（天鹅座 α 星） | 1.3 |
| 马腹一（半人马座 β 星） | 0.9 | 轩辕十四（狮子座 α 星） | 1.3 |

从上面的表中可以看出，不存在正好是 1 等的星星，即从 0.9 等星跳到了 1.1 等星。因此，一等星只是一个亮度标准，而不是实际存在的星星等级。

需要注意的是，我们不是根据星星的物理性质来划分等级的，而是根据我们的视觉特点，也就是韦伯·费希奈尔所说的精神物理定律共有的一种效应。这种定律在视觉上的作用是："当光源的强度按照几何级数变化的时候，人们对亮度的感觉会按照算术级数变化。"有趣的是，测量恒星亮度的原则也可以用来测量音调的高低（关于这一点，可以参阅《趣味物理学》、《趣味代数学》）。

熟悉了星星的亮度之后，我们来进行几个计算。例如，多少颗三等星的亮度和一颗一等星的亮度相同？我们知道，一等星的亮度是三等星的 $2.5^2$ 倍，大约是 6.3 倍。也就是说，6.3 颗三等星的亮度和一颗一等星一样亮。同理，15.8 颗四等星的亮度等于一颗一等星的亮度。下面，我们来看一下多少颗其他等级星星和一颗一等星同样亮：

2.5 颗二等星； 6.3 颗三等星； 16 颗四等星； 40 颗五等星；

100 颗六等星； 250 颗七等星； 4000 颗十等星； 10 000 颗十一等星；

1 000 000 颗十六等星。

六等星是我们肉眼能看见的最暗的星星，等级再高的就看不见了。想要观察到十六等星，就必须使用强度很大的望远镜。如果我们的视力增加一万倍，就可以看见这些星星，就像我们现在看见的六等星一样亮。

当然，上面没有说比一等星更亮的星体，我们挑出几个说一下。0.5等星（南河三）的亮度是一等星的 $2.5^{0.5}$ 倍，大约是 1.6 倍；负 0.9 等星（老人星）的亮度是一等星的 $2.5^{1.9}$ 倍，大约是 5.7 倍；而负 1.6 等星（天狼星）的亮度是一等星的 $2.5^{2.6}$ 倍，大约是 10.8 倍。

最后，还有一个非常有趣的问题：多少颗一等星才能够取代人的眼睛所能看见的所有星星的亮度呢？

半个天球一等星的数目是10个，已知后一等星的数目是前一等星的3倍多，亮度的比率是 1∶2.5。所以，要求的一等星的数目是下列式子的和：

$$10+\left(10\times 3\times \frac{1}{2.5}\right)+\left(10\times 3^2\times \frac{1}{2.5^2}\right)+\cdots\cdots+\left(10\times 3^5\times \frac{1}{2.5^5}\right)$$

可以得出：

$$\frac{10\times\left(\frac{3}{2.5}\right)^6-10}{\frac{3}{2.5}-1}=95$$

也就是说，半个天球上肉眼可以看见的星星的亮度总和大约是 100 个一等星的亮度（或者是一个负四等星的亮度）。

如果把题目中的"肉眼"换成"现代望远镜"，那么，半个天球上的全部星星的亮度总和大约是 1 100 个一等星的亮度（或者是一个"负6.6等"星的亮度）。

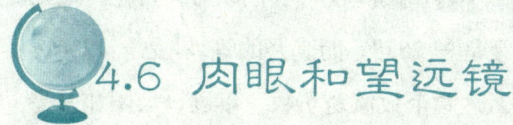

## 4.6 肉眼和望远镜

我们来比较一下用肉眼看见的星星和用望远镜看见的星星。

在夜间，我们的瞳仁看物体的直径平均是 7 毫米。如果一个望远镜的物镜直径是 5 厘米，那么，透过它的光线是透过瞳仁的 $\left(\frac{50}{7}\right)^2$ 倍，大约是 50 倍；

131

如果物镜的直径是50厘米，透过的光线就是瞳仁的5 000倍左右。这样一来，望远镜就增加了观察到的星星的亮度，能够看见的星星自然就多了。不过，这是针对恒星而言的，不适用于行星。在计算行星的亮度时，还要考虑望远镜的光学放大率。

知道了这些之后，当想要观察某一个等级的星星时，就能算出需要多大的望远镜；而且，当知道望远镜的物镜直径时，也可以知道它能够看见哪一个等级的星星。假如我们知道，直径是64厘米的物镜可以观察到十五等级以内的星星，那么，多大的物镜能够看清十六等星呢？这时，我们可以列出算式：

$$\frac{x^2}{64^2}=2.5$$

这里的 $x$ 表示的是物镜的直径，算出的结果是：

$$x=64\sqrt{2.5}\approx 100 \text{ 厘米}$$

也就是说，直径大约是1米的物镜才能看见十六等星。一般来说，要想把看到的星星的等级增加一级，望远镜的物镜直径就要增加到原来的$\sqrt{2.5}$倍，也就是增加到原来的1.6倍。

## 4.7 太阳和月亮的等级

恒星的亮度比率不仅可以用来评估恒星的亮度，还可以用来计算其他星体的亮度，例如，行星、太阳、月亮。关于行星的亮度，我们以后会讨论，这里只分析太阳和月亮的亮度。太阳的等级是-26.8，而满月的等级[①]是-12.6。通过前面的内容，我们可以明白为什么这两个数值是负数。不过，太阳和月亮的等级相差并不大，这让很多人感到困惑。

大家要明白，星星的等级是用2.5作底的对数，一个数的对数除以另一个

---

① 上弦月和下弦月的等级是负9。

数的对数,这样是无法比较两个数的大小的。同理,也不能用一个星体的等级除以另一个星体的等级,但我们可以通过计算来比较这个星体等级的差距。

太阳的等级是负 26.8,也就是一等星亮度的 $2.5^{27.8}$ 倍;而满月的亮度是一等星亮度的 $2.5^{13.6}$ 倍。所以,太阳的亮度是满月亮度的 $\frac{2.5^{27.8}}{2.5^{13.6}}=2.5^{14.2}$ 倍。

通过查阅对数表可以得知,这个数大约是 447 000,这才是太阳的亮度和满月亮度的比率。也就是说,晴天时太阳的亮度是满月亮度的 447 000 倍。

由于月球反射的热量和它反射的光线是正比关系,所以月球反射到太阳上的热量相当于太阳射来的 $\frac{1}{447\,000}$。如果地球大气边缘的每一平方厘米在一分钟内可以从太阳那里得到 2 小卡的热量,那么,月球每一分钟射到地球每一平方厘米上的热量不会超过 $\frac{1}{220\,000}$ 小卡(也就是说,一分钟内只能使 1 克水的温度升高 $\frac{1}{220\,000}$ ℃)。由此可知,月光影响地球气候的说法是不对的[①]。

另一种说法是,月光会使云层消失,这也是错误的。实际上,只有在月光下我们才能看见云由于其他原因消失的情景。

下面,我们算一下太阳的亮度是天空中最亮的星星天狼星亮度的多少倍。运用上面的方法可以得到:

$$\frac{2.5^{27.8}}{2.5^{2.6}}=2.5^{25.2}\approx 100\,000\,000\,00$$

也就是说,太阳的亮度是天狼星的 100 亿倍。

我们来讨论另一个问题,满月的亮度是半个天球上肉眼所见的全部星星亮度的多少倍呢?我们已经知道,半个天球中从一等星到六等星的总亮度相当于 100 个一等星的亮度,因此上面的问题可以转化成:满月的亮度是 100 个一等星亮度的几倍?这个比率是:

$$\frac{2.5^{13.6}}{100}=3\,000$$

也就是说,星空的所有光辉只是满月亮度的 $\frac{1}{3\,000}$,也是太阳亮度的 13 亿分之一。

---

[①] 在 5.17 "月球和气候" 这一节中,我们会讲述月球的引力对地球气候的影响。

在这里还要补充一点，一米外的标准的烛光的亮度，相当于一个负 14.2 等星，也就是满月亮度的 $\frac{2.5^{15.2}}{2.5^{13.6}}$ 倍，大约是 4.3 倍。另外，飞机场安装的相当于 20 亿烛光的探照灯，从月球上看的时候，就像肉眼所见的 4.5 等星的亮度。

## 4.8 恒星和太阳的真实亮度

上面所说的亮度都是星体的可见亮度，也就是星体在它们的真实位置上使我们感觉到的亮度。但是，我们很清楚，每个恒星到地球的距离不同，所以我们所说的亮度不仅表示它们的真实亮度，还表示它们和我们之间的距离。现在我们想知道，如果各个恒星到地球的距离是相同的，那么，它们的亮度会发生什么样的变化呢。

为了解答这个问题，我们要引入绝对星等的概念。绝对星等指的是，假设这颗星到我们的距离是 10 秒差距时的星体的等级。秒差距是测量恒星之间距离的一种单位，我们以后会详细讲解，在这里只要知道 1 秒差距大约是 $3 \times 10^{13}$ 千米。如果我们知道了恒星之间的距离，又知道恒星的亮度和距离的平方是反比关系，那么就不难求出绝对星等[①]。

---

①计算公式是：

$2.5^M = 2.5^m \times (\pi \div 0.1)^2$

在读者了解了"秒差距"和"视角"之后，就能明白这个公式是怎么来的。这里的 $M$ 指的是恒星的绝对星等，$m$ 是恒星的视星等，$\pi$ 是恒星的视差，单位是秒。把上面的公式变为：

$2.5^M = 2.5^m \times 100 \pi^2$

$Mlg2.5 = mlg2.5 + 2 + 2lg\pi$

$0.4M = 0.4m + 2 + 2lg\pi$

由此得到：

$M = m + 5 + 5lg\pi$

以天狼星为例，$m = -1.6$，$\pi = 0.38''$，于是，天狼星的绝对星等是：

$M = -1.6 + 5 + 5lg0.38'' = 1.3$

在这里，我们只给出天狼星和太阳的绝对星等，天狼星的绝对星等是 1.3，太阳的绝对星等是 4.7。也就是说，如果天狼星到我们的距离是 $3\times10^{13}$ 千米，它的亮度相当于一个 1.3 等星；同理，在相同的距离下，太阳的亮度仅仅是一个 4.7 等星。这时，天狼星的绝对亮度是太阳绝对亮度的 $\dfrac{2.5^{3.7}}{2.5^{0.3}}$ 倍，大约是 25 倍。但是，太阳的视亮度是天狼星视亮度的 $10^{10}$ 倍。

因此，我们可以得出结论，太阳绝对不是天空中最亮的星体，但我们不能就此断定太阳在恒星中是一个不重要的角色，因为它的发光能力大大高于平均数。根据恒星的统计数据可知，在太阳 10 秒差距的范围内，所有恒星发光能力的平均数相当于绝对星等的九等星，而太阳的绝对星等是 4.7，所以它的亮度是平均亮度的 $\dfrac{2.5^{8}}{2.5^{3.7}}$ 倍，大约是 50 倍。

即使太阳的绝对亮度只有天狼星的 $\dfrac{1}{25}$，但它仍然是周围恒星平均亮度的 50 倍。

# 4.9 已知的最亮恒星

发光能力最强的一颗恒星，是我们肉眼看不见的八等星剑鱼座的 S 星，剑鱼座的位置在南天，所以北半球温带地区无法看见它。这个 S 星，在我们相邻的星系——小麦哲伦云里面。小麦哲伦云到地球的距离是天狼星到地球距离的 12 000 倍，相距这么遥远，只有具备很强的发光能力，这个小星才能被称为八等星。如果天狼星处于这样的位置，它就会是一个十七等星，要通过极强大的望远镜才可能看到。

那么，这个 S 星的发光能力是怎样的呢？计算的结果是负 8 等星。也就是说，这颗恒星的亮度大约是太阳亮度的 100 000 倍。发光能力这么强的一颗星，如果在天狼星的位置上，它的亮度会是天狼星的前 9 等，相当于上弦月和下弦月的亮度。有着如此强的发光能力，显然是宇宙中所知的最亮的恒星了。

135

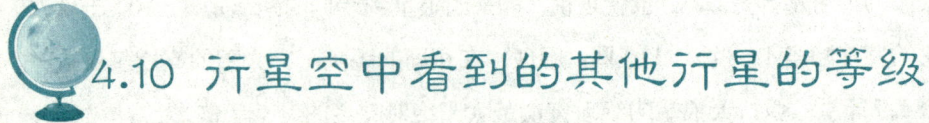

## 4.10 行星空中看到的其他行星的等级

站在地球上，我们肉眼见到的天空中的行星亮度是怎样的呢？下面是具体的情况：

在地球的空中

金星的亮度是-4.3；　　土星的亮度是-0.4；　　火星的亮度是-2.8；

天王星的亮度是5.7；　木星的亮度是-2.5；　　海王星的亮度是7.6；

水星的亮度是-1.2。

从上面的数据中可以得知，金星的亮度比木星亮两等，是木星的$2.5^2$=6.25倍，是天狼的$2.5^{2.7}$=13倍（天狼星是负1.6等星）。还可以知道，肉眼可见的行星中最暗的行星是土星，也比天狼星和老人星之外的星星要亮。在白天可以看见金星和木星，但无法看见恒星，就是这个道理。

下面，我们把在金星、火星、木星的天空中看见的各个星体的亮度看一下，但不再加以阐释，只是用数字表示出来：

在火星的空中

太阳的亮度是-26；　　木星的亮度是-2.8；　　卫星福波斯的亮度是-8；

地球的亮度是-2.6；　　卫星德伊莫斯的亮度是-3.7；

水星的亮度是-0.8；　　金星的亮度是-3.2；　　土星的亮度是-0.6。

在金星的空中

太阳的亮度是-27.5；　木星的亮度是-2.4；　　地球的亮度是-6.6；

月球的亮度是-2.4；　　水星的亮度是-2.7；　　土星的亮度是-0.5。

136

### 在木星的空中

太阳的亮度是－23；　　卫星Ⅳ的亮度是－3.3；　　卫星Ⅰ的亮度是－7.7；

卫星Ⅴ的亮度是－2.8；　卫星Ⅱ的亮度是－6.4；　　土星的亮度是－2；

卫星Ⅲ的亮度是－5.6；　金星的亮度是－0.3。

当从行星的卫星上看行星的亮度时，最亮的要数从卫星福波斯上见到的满轮火星，它的亮度是－22.5等星；其次是从木星的卫星Ⅴ上看到的满轮木星，它的亮度是－21等星；从火星的卫星密麻斯见到的满轮火星的亮度是－20等星；最后，土星的亮度大约是太阳亮度的$\frac{1}{5}$。

下面是各个行星相互看的亮度表，按照亮度从大到小的排列是：

水星空中金星的亮度是－7.7；　　金星空中地球的亮度是－6.6；

水星空中地球的亮度是－5；　　　地球空中金星的亮度是－4.4；

火星空中金星的亮度是－3.2；　　火星空中木星的亮度是－2.8；

地球空中火星的亮度是－2.8；　　金星空中水星的亮度是－2.7；

火星空中地球的亮度是－2.6；　　地球空中木星的亮度是－2.5；

金星空中木星的亮度是－2.4；　　水星空中木星的亮度是－2.2；

木星空中土星的亮度是－2。

从上面的数据中可以得知，在几大行星的天空中，水星空中的金星、金星空中的地球和水星空中的地球是最亮的。

# 4.11 为什么望远镜不会把恒星放大？

当我们使用望远镜观察恒星时会产生这样的疑问，既然望远镜能够把行星放大，为什么不会把恒星放大，反而把它们缩小了呢？使用自制望远镜观察星空的伽利略，就注意到了这一点，他曾经写到：

"在使用望远镜的时候，要注意行星和恒星的差异：行星是一个小圆面，轮廓非常清楚，看起来就像是一个小小的满月；恒星却不是这样，它的轮廓无法看清。望远镜只是增加了恒星的亮度，但五等星、六等星和最亮的恒星天狼星不一样。"

为了解释望远镜不将恒星放大的原因，我们首先来了解一下视觉的生理和物理特性。当我们观察离我们越来越远的物体的时候，它在我们的视网膜上所成的像也越来越小，等到足够远的时候，物体就会变成一个点，以至于不能落在不同的神经末梢上，只是落在一个神经末梢上。这时候，物体的像就没有轮廓了。对人类来说，当物理视角是 1′ 的时候，就会出现这样的情况。望远镜的功能就是把人眼看物的视角放大，也就是把物体的像伸展到不同神经末梢上。因此，当我们通过望远镜看到的物体的视角是肉眼看到的 100 倍的时候，就说这个物体被放大了 100 倍。如果在望远镜下，某一物体的视角仍然小于 1′，这个望远镜不能用来观察这个物体，因为放大的倍数不够。

我们可以算出，使用一台能放大 1 000 倍的望远镜，要想看清楚月球上的细节，它的直径至少是 110 米；如果想看清太阳上的细节，就要有 40 千米的直径；把它用到最近的恒星上，直径大约是 12 000 000 千米。

太阳的直径是这个数字的 $\frac{1}{8.5}$，也就是说，如果把太阳放到这个恒星上，我们在地球上使用放大1 000倍的望远镜观察，看到的也只是一个点。只有这个恒星的体积是太阳体积的600倍时，才能在最强大的望远镜里形成一个小圆面的像。如果恒星处于天狼星的位置，当它的体积是太阳体积的500倍时，在最强大的望远镜里能成一个圆面的像。由于大部分的恒星比天狼星距离地球远，平均大小又比太阳小，所以即使使用最强大的望远镜观察，我们看到的也只是一些光点，而不会是小圆面。

天空中任何一颗恒星的视角都小于我们站在10千米的地方看一个别针针头的视角，没有一台望远镜能够把恒星放大成一个小圆面。实际上，用望远镜观察太阳系中的天体时，放大率越大，天体所成的圆面就越大。然而，天文学家又碰到了难题，那就是成的像被放得越大，它的亮度就越弱，难以看清其中的细节。因此，在观察行星，尤其是彗星的时候，只能使用中等放大倍数的放大镜。

这时，读者也许会产生这样的疑问：既然望远镜不能将恒星放大，为什么还要使用望远镜观察恒星呢？

看了前面的内容大家应该知道，虽然望远镜不能将恒星放大，但可以增加恒星的亮度，使我们看见更多的恒星，也看得更清楚。

另外，借助望远镜还可以把肉眼所见的一颗星分辨成几颗星。望远镜不能

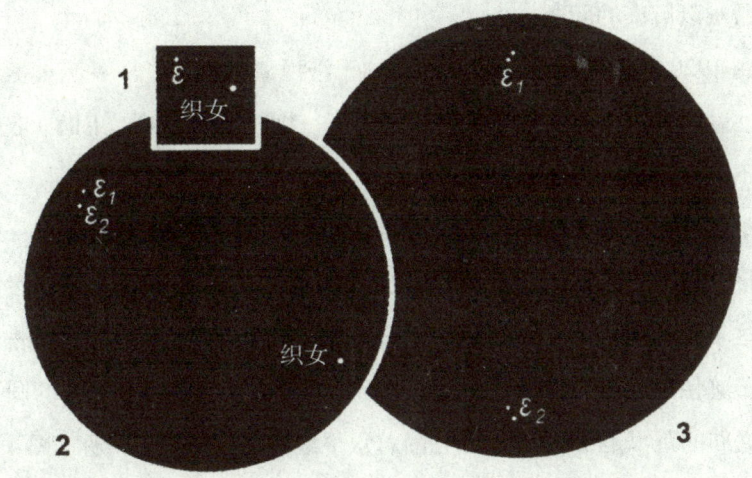

图4-1 织女星附近的同一个恒星：1是肉眼所见；2是使用双筒镜看到的；3是用望远镜看到的

放大恒星的视直径，但可以放大恒星之间的视距。因此，肉眼所见的一颗星，通过望远镜往往可以看见两颗、三颗，甚至是好几颗（图4-1）。有一些星团，肉眼看起来像是一个发光点，甚至什么也看不见，但借助望远镜，就能看见那是成千上万颗的星星。

望远镜还有一个作用，在观察恒星的时候，它可以清楚地测量出视角。使用现代巨型望远镜，可以把恒星的视角精确到0.01″，将一枚铜钱放在1 000米外，或者将一根头发放到100米外的时候，才会有如此小的视角。

## 4.12 测量恒星直径的方法

我们已经知道，即使利用最强大的望远镜也不能看见恒星的直径。以前，关于恒星的大小就有一些猜测，有人说恒星和太阳一样大，但没有人能证明这种说法是否正确。

如果想测出恒星的直径，就必须拥有更强大的望远镜才行，看起来，这是一个非常难以解决的问题。

直到1920年，借助于物理学的光的干涉现象，创造了一种测量恒星直径的新方法。一直以来，天文学的发展就离不开物理学的帮助。下面，我们就具体说一下测量恒星的方法。

为了解释清楚这个原理，我们先做一个小实验，需要的仪器是：一台放大率是30倍的小型望远镜，一个距离望远镜10～15米的明亮光源，然后用一张幕把这个光源遮住，幕的上面留出一条宽是零点几毫米的缝隙。找一个不透明的盖子遮住望远镜的物镜，在盖子上面钻两个直径大约是3毫米的圆孔，两个圆孔之间的距离是15毫米，而且沿着水平线和物镜的中心对称（图4-2）。

没使用盖子之前，通过望远镜看见的缝隙是狭长的，两侧还有很多比较暗的条纹；装上盖子之后，中间那条缝隙上很明亮，还有许多垂直的黑暗条纹。

光线通过盖子上的两个小圆孔，相互干涉后就形成了这些条纹，如果堵住其中一个小孔，这些条纹就消失了。

如果盖子上的两个小圆孔可以移动，那么，它们之间的距离越远，黑暗条纹就越不清楚，直到消失。确定了条纹消失时两个小圆孔直接的距离，就可以判断出狭缝视角的大小，再知道了观察者到狭缝的距离，就可以算出狭缝的真实宽度。如果

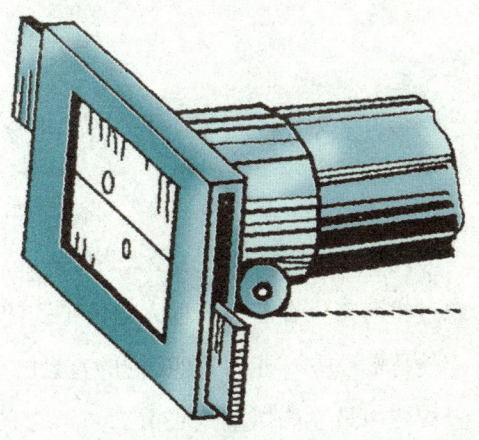

图 4-2 测量恒星直径的干涉仪器

我们把狭缝换成圆孔，利用相同的方法就可以测出圆孔的直径，但需要用所得的角度乘以 1.22。

利用上面的方法，就可以测量出恒星的直径，只是恒星的直径看起来太小了，必须使用极其强大的望远镜才行。

除了上面的干涉仪，还有一种方法可以测量恒星的直径，那就是研究恒星的光谱。

根据恒星的光谱，天文学家可以求出恒星的温度，知道了温度就可以算出恒星 1 平方厘米的表面辐射的能量。另外，测出了恒星的距离和视亮度，也可以求出恒星表面的辐射能量。用辐射能量除以恒星的温度，就是恒星表面的大小，接着就可以求出直径了。例如，五车二的直径是太阳直径的 12 倍，参宿四的直径是太阳直径的 360 倍，天狼星和织女星的直径分别是太阳直径的 2 倍和 2.5 倍，而天狼星伴星的直径是太阳直径的 $\frac{1}{50}$。

第4章 恒星

## 4.13 恒星世界中的巨人

计算出来的恒星的直径大得惊人，远远超出天文学家的预料，他们从来没想过银河系中有着如此巨大的恒星。1920 年，测量出了第一颗恒星的直径，那就是猎户座 α 星参宿四，它的直径比火星绕着太阳运行轨道的直径还要大。天蝎座中最亮的恒星是心宿二，它的直径是地球运行轨道直径的 1.5 倍（图 4-3）。在已知的巨大的恒星中，还要说一下鲸鱼座的一颗星，它的直径是太阳直径的 330 倍。

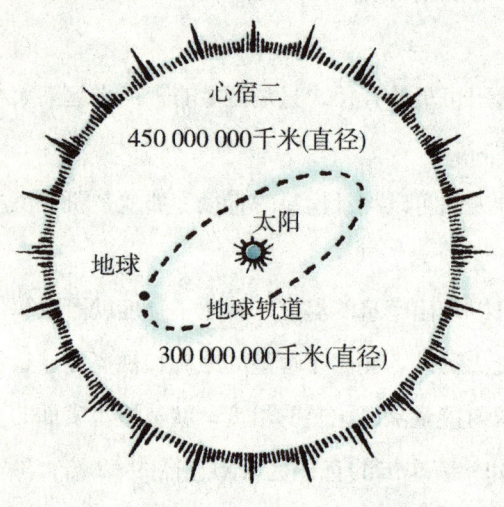

图 4-3 心宿二的直径和地球轨道的比较

现在，我们来说一下这些巨大的恒星的物理结构。计算表明，虽然这些巨星有着庞大的体积，但它们的物质结构各不相同。它们的重量只是太阳重量的几倍而已，但它们的体积却是太阳体积的成千上万倍。例如，参宿四的体积是太阳体积的 40 000 000 倍。因此，可想而知它们的密度有多小。如果太阳的平均密度近似于水的密度，那么，巨星的密度就和空气的密度相似。一位天文学家曾说过，这样的恒星很像是比空气密度还小的庞大的气球。

## 4.14 难以想象的结果

联系前文的内容，我们来看这样一个问题：如果把天空中所有的恒星成的像放在一起，会占据多大的地方呢？

我们已经知道，通过望远镜可以见到的恒星的亮度总和相当于一个负 6.6 等星的亮度，而一颗负 6.6 等星的亮度比太阳的亮度要暗 20 等，也就是说，太阳的亮度是一个负 6.6 等星亮度的 100 000 000 倍。如果我们把太阳表面的温度当作所有恒星的平均数，那么，所有恒星的视面积就是太阳视面积的 $\frac{1}{100\,000\,000}$。我们知道，圆的表面积和直径的平方是正比关系，所以全部恒星的视直径是太阳视直径的 $\frac{1}{10\,000}$，也就是说，它们的视直径是（30′÷10 000），大约是 0.2″。

这个结果令人难以相信，因为全部恒星的视面积加在一起居然和一个视直径是 0.2′ 的小圆面一样大。天空的平方度是 41 253，通过简单的计算可以知道，可见星星所占的面积仅仅是整个天空面积的 200 亿分之一。

## 4.15 最重的物质

在宇宙的奇景中，天狼星附近的一颗小星可以称为是最神奇的。这颗小星所含的物质，比同体积的水要重 60 000 倍！我们把一杯水银拿在手里，会惊叹它的重量竟然有 3 千克。但是，同样的体积，这颗星的物质重 12 吨，需要火车才拉得动。听起来是不是很荒谬，却是千真万确，因为这是天文学的新发现。

这一项发现是一个突破，有着重要的意义。我们知道，天狼星的运动轨道不是直线，而是一条弯弯曲曲的曲线（图4-4）。为了解释天狼星轨的特点，著名的天文学家培赛尔曾说，天狼星一定有一个伴星，伴星的引力影响了天狼星的运行。这是1844年发生的事，两年后，勒威耶发现了海王星。1862年，培赛尔早已去世了，但他的推论被证实，人们利用望远镜找到了他猜测的那颗伴星。

天狼星的伴星被命名为"天狼$B$"，绕着天狼星旋转一周需要49年，到天狼星的距离是地球到太阳距离的20倍，类似于海王星到太阳的距离（图4-5）。天狼$B$是一颗8～9等星，这是一个暗星，但它的质量非常大，大约是太阳质量的$\frac{4}{5}$①。如果太阳位于天狼星的位置，那么，它就会是一个三等星。因此，如果把天狼$B$放大，使它和太阳的表面积之比等于它们的质量之比，天狼$B$的亮度就会和一颗四等星相同，不再是一8～9等星了。开始时，天文学家认为天狼$B$亮度比较低是由于它表面的温度低，所以把它看成一个冷却的太阳，表面是一层固体壳。

不过，这个想法是错误的。后来证实，虽然天狼$B$的亮度很低，但它的表面温度不低，甚至比太阳的表面温度还要高。这颗恒星比较暗的原因是，它的表面积非常小。通过计算得知，它发射的光是太阳的$\frac{1}{360}$，它的表面积至少是太阳的$\frac{1}{360}$，它的半径是太阳的$\frac{1}{\sqrt{360}}$，大约是$\frac{1}{19}$。因此，它的体积是太阳体

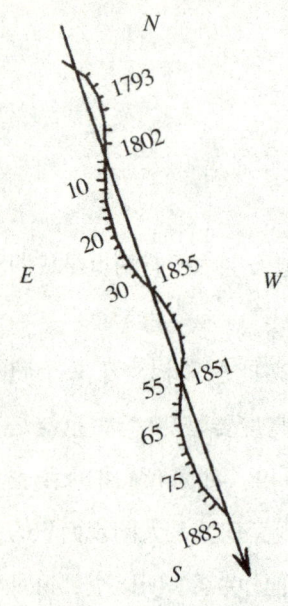

图4-4 天狼星在1793～1883年的运动曲线。

图4-5 天狼星伴星绕着天狼星的运行轨道（天狼星不在可视椭圆的焦点上，因为投影使椭圆扭曲了，所以我们看见的轨道是倾斜的。）

---

① 天狼$B$可能有自己的伴星，一颗非常暗的星星，绕着它旋转一周的时间大约是1.5个地球年。因此，天狼星可能是一个三合星。

积的 $\frac{1}{6800}$。由于它的质量是太阳质量的 0.8 倍,可见它的密度有多大。更精确的计算显示,天狼 B 的直径是 40 000 千米,所以它的密度大约是水的密度的 60 000 倍(图 4-6)。

开普勒曾经说过:"物理学家们警惕一些吧,你们的领域要被侵犯了。"当然,他说这话有别的原因。截止目前为止,没有任何一个物理学家想象过这种事情。一般情况下,根本不存在密度这么大的物体。因为固体状态下原子之间的空隙非常小,难以再压缩了。不过,还存在"残破的"原子,也就是失去了绕着原子核旋转的电子的原子,这样的原子是另外一种情况。普通的原子失去电子后,直径就会变为原来的 $\frac{1}{1000}$,但重量不会减小。原子核和原子的大小比例,就相当于一只苍蝇和一间大房子的大小比例。在星体中心部分极大的压力下,这些原子核会相互靠近,它们之间的距离缩小到普通原子距离的几千分之一,这样就形成了类似天狼 B 星的物质。不过,这里的密度还不够大,

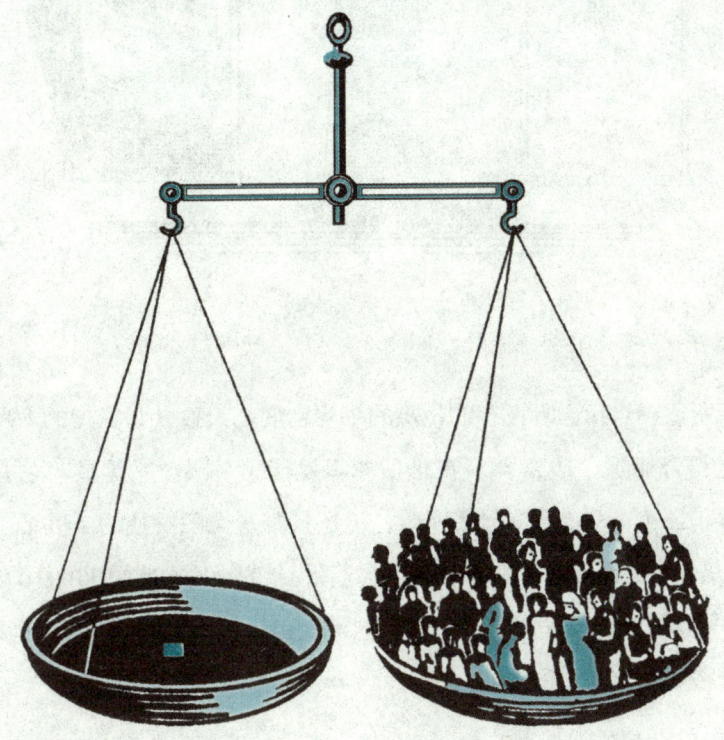

图 4-6 天狼 B 星密度是水的 60 000 倍,几立方厘米的重量就和三十几个人的重量相等

还有更大密度的恒星。有一颗十二等星，大小类似于地球，但它所含的物质的密度是水的密度的 400 000 倍。

但是，这也不是最大的密度。从理论上来说，还有密度更大的物质。由于原子核的直径是原子直径的 $10^{-4}$，所以原子核的体积是原子体积的 $(\frac{1}{10})^{12}$。1 立方米的金属所含的原子核的体积大约是 $10^{-4}$ 立方毫米，但金属的重量都集中在原子核上。这样一来，1 立方厘米原子核的重量大约是 1000 万吨（图 4-7）。

图 4-7  1 立方厘米原子核的重量相当于一条轮船的重量。当原子核紧紧挨在一起时，1 立方厘米的原子核的重量大约是 1000 万吨

综上所述，当我们听说有的恒星的平均密度是天狼 B 星密度的 500 倍时，便不再觉得奇怪了。1935 年，在仙后座里发现了一颗十三等星，它的体积比火星的体积还小，只有地球体积的 $\frac{1}{8}$，但质量却是太阳质量的 2 倍多（确切地说是 2.8 倍）。如果用普通单位来表示，这颗恒星的平均密度是 36 000 000 克／立方厘米，也就是说，1 立方厘米的这种物质在地球上重 36 吨！这种物质的密度是黄金密度的 200 万倍左右[①]。

---

[①] 在这颗星的中心部分，物质密度高得令人难以置信，大约是 100 亿克／立方厘米。

在下一章中，我们会谈到 1 立方厘米的这种物质在那个星球上的重量。

以前，科学家认为世界上不存在比白金密度大几百万倍的物质，但在浩瀚的宇宙中，不仅存在这种物质，还有数不清的奇异景象。

## 4.16 恒星的来源

古时候，人们把这类星星命名为恒星，因为它们在空中的位置不变，和行星不同。当然，恒星也参与空中的昼夜升沉运动，只是这种运动并不会改变它们的相对位置。跟恒星相比较，行星的位置不停地发生变化，它们在群星中穿梭，所以才叫做行星。

我们知道，不能把所有的恒星看成是无数静止不动的太阳的集合体，因为包括太阳在内的全部恒星[①]，都在作着相对运动，平均速度大约是 30 千米／秒，

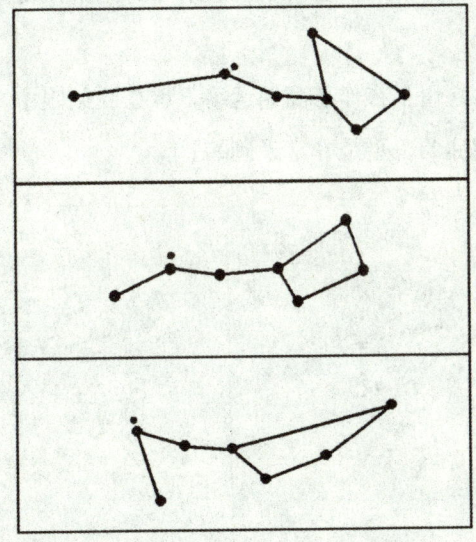

图 4-8 星座的变化很缓慢。中间的图形是大熊座现在的形状，上图是它 10 万年前的样子，下图是 10 万年后的样子。

① 这里所说的恒星指的是银河系中的所有恒星。

# 第4章 恒星

和地球绕着太阳公转的速度相同。这说明，恒星不是静止不动的。而且，有些恒星的运行速度是非常快的，行星中根本不存在这样的速度。例如，有一颗恒星叫做"飞星"，它相对于太阳的速度是 250～300 千米／秒。

既然恒星在作高速的运动，一年要走几十亿千米的路程，那么，为什么我们看不见这种运动呢？为什么没有恒星的运行图呢？

其实，这里面的道理不难明白。因为恒星距离我们太远了，就像我们站在高处看遥远的地平线上行驶的火车时，那种犹如乌龟在爬的情况一样。近距离看起来飞快的速度，在远处的人看着像是乌龟的爬行。恒星的运动也是这样，只是观察者和物体之间的距离过于遥远罢了。就拿离我们比较近的一颗恒星来说，它到地球的距离是 800 亿千米，如果它一年内运行的路程是 10 亿千米，和我们之间的距离也只是缩短了 80 分之一，这么小的距离根本无法分辨。

从地球上来看，这些星体移动的视角要小于 0.25″，通过最精密的仪器，勉强能够分辨出来。如果是用肉眼观察，就算看上几百年，也不可能看出有什么不同。因此，只有使用最精密的仪器测量，我们才能知道恒星真的在运动（图 4-8、4-9、4-10）。

由此可知，尽管恒星在作着高速运动，但在我们眼中，它们仍然是静止不动的，所以把它们称为恒星是非常正确的。

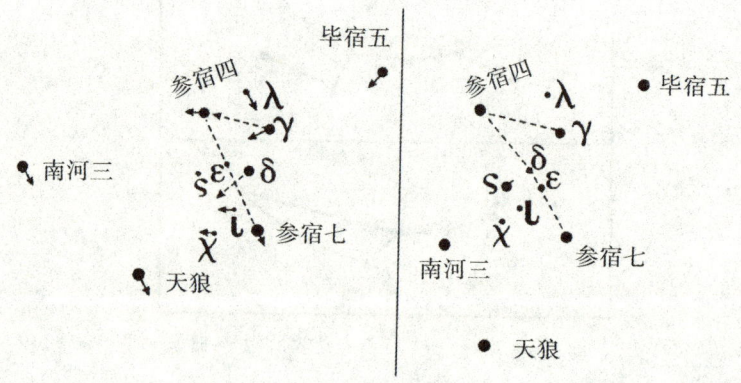

图 4-9 猎户座的恒星的运动方向：左图是现在的样子，右图是 5 万年后的样子

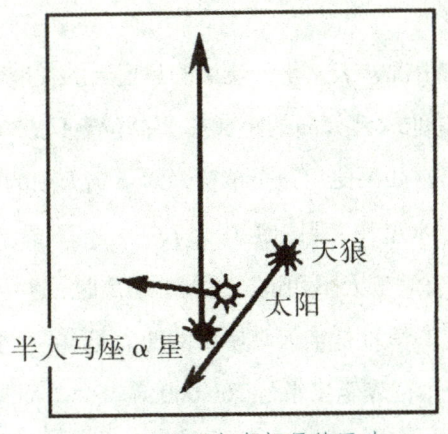

图 4—10 三颗相邻恒星的运动

从上面的内容中可以得出，虽然恒星运动的速度非常快，但它们相互碰撞的可能性非常低，甚至是不可能发生（图 4—11）。

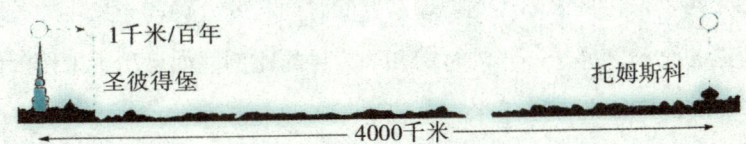

图 4—11 有两个槌球，一个位于圣彼得堡，另一个位于托姆斯科，它们之间的距离每一百年缩短 1 千米从图中可以看出，它们相撞的可能性为零（恒星的情况类似，这是缩小了的比例图）。

## 4.17 恒星距离的单位

常用的表示长度的单位有米、千米、海里（1 852 米）等，测量地面上的长度，这些单位足够了。但是，如果用来测量天体之间的距离，就不合适了。如果用这些长度单位来测量天体距离的话，就如同用毫米这个单位来测量铁路的长度。例如，木星和太阳之间的距离是 78 000 万千米，而十月铁路的长度是 64 000

万毫米。

为了避免这样的情况，天文学上使用的是更大的长度单位。例如，在测量太阳系的距离时，以地球到太阳的距离作为单位（149 500 000 千米）。这算是一个"天文单位"，如果使用这个单位，木星到太阳的距离是 5.2，土星到太阳的距离是 9.54，水星和太阳相距 0.387。

不过，当我们想要测量太阳和恒星之间的距离时，这个测量尺度还是太小。例如，距离太阳最近的恒星是半人马座中的比邻星[①]，这是一个十一等星，它到我们的距离用这个单位表示出来是 260 000。

这还是最近的恒星，其他恒星和太阳的距离更远，用这个单位表示出来的数字会更大，非常不方便。因此，我们要采用更大的长度单位，简化数字的写法和记法。天文学上更大的单位是"光年"，再大的是"秒差距"。

光年指的是光在一年内走过的路程，这个单位到底有多大呢？举个例子就可以感受到了，光从太阳达到地球需要的时间是 8 分钟，一光年的长度和地球运行轨道的比例，等于一年的时间和 8 分钟的比例。如果用千米作单位，一光年等于 9 460 000 000 000 千米，也就是 95 000 亿千米。

在天文学上，通常使用的单位是秒差距。秒差距的距离是：站在这个距离上看地球轨道的半径时，视角正好是 1″。站在星球上观看地球运行轨道的视角，在天文学上称为"周年视差"。把"秒"和"视差"结合在一起，这就是"秒差距"。例如，人马座 α 星附近的比邻星的视差是 0.76 秒，由于距离和视差是反比关系，所以这颗星的距离是 $\frac{1}{0.76}$ 秒差距，大约是 1.31 秒差距。根据几何学可以得知，1 秒差距换算成天文单位（指的是地球到太阳的距离）是 206 265。秒差距换算成其他的长度单位是：1 秒差距 =3.26 光年 =30 800 000 000 000 千米。

下面，我们用秒差距和光年表示几颗比较亮的恒星到太阳的距离：

---

[①] 这个恒星和半人马座 α 并排着。

半人马座 α 星：1.31 秒差距，4.3 光年；

天狼星：2.67 秒差距，8.7 光年；

南河三：3.39 秒差距，10.4 光年；

河鼓二：4.67 秒差距，15.2 光年。

这些都是距离我们比较近的恒星，它们距离我们到底多近呢？用秒差距的数字乘以 30，然后再后面加上 12 个零，这就换算成我们所熟知的千米了。但是，光年和秒差距还不是天文学上的最大单位，如果天文学家想要测量恒星系统的距离，就需要使用更大的单位了。就像千米是用米导出来的，这个单位也是用秒差距导出来的，就是所谓的"千秒差距"，1 千秒差距 =1000 秒差距 =30 800 万万万千米。使用这个单位来测量时，银河系的直径是 30，仙女座星云到地球的距离大约是 205。

不过，很多时候千秒差距还是不够大，这时就要使用"百万秒差距"。

现在，我们可以得到星际长度单位表：

1 百万秒差距 =1 000 000 秒差距；

1 千秒差距 =1000 秒差距；

1 秒差距 =206 265 天文单位；

1 天文单位 =149 500 000 千米。

百万秒差距表示的长度是难以想象的，即使我们以头发丝（0.05 毫米）和 1 000 米当比例，也难以找出我们熟悉的长度单位和百万秒差距成比例。1 百万秒差距相当于 15 000 亿千米，这个数字是地球到太阳距离的 10 000 倍。

在这里我们使用一个比喻，以帮助读者更好地理解百万秒差距。从莫斯科到圣彼得堡这么长距离的一条蜘蛛丝重 10 克，从地球到月球的一条蜘蛛丝重 8 千克，从地球到太阳的一条蜘蛛丝的重量是 3 吨。如果一条蜘蛛丝的长度是

1百万秒差距，它的重量将会是 600 000 000 000 吨！

# 4.18 距离太阳最近的恒星系统

多年以前，天文学家认为距离太阳最近的恒星是一个双星，也就是南天的半人马座 α 星，这个一等星。近几年，关于半人马座 α 星有了更多的发现，在它们的附近找到了一颗 11 等星，和双星组成了一个三合星。虽然这颗小星到另外两颗星的距离大于 2°，但它仍然是半人马座 α 星的成员，因为它们的运行有着相同的特点：这三颗星星以同样的速度向相同的方向运动。在这个系统中，第三颗小星距离太阳比较近，而且是已知恒星中距离我们最近的，所以这颗小星叫做比邻星。它到地球的距离比半人马座 α 星中的另外两颗星星近 2400 个天文单位。它们的视差是：

半人马座 α 星（A 星和 B 星）：0.755；比邻星：0.762。

由于 A、B 两颗星之间的距离比较近，只有 24 个天文单位，所以这一组星星的形状比较奇特（图 4-12）。A、B 两颗星的距离只比天王星到太阳的距离大一点，但它们和比邻星的距离却是 13"光日"。这三颗星星的位置在缓慢地发生变化：A、B 两颗星绕着共同的重心运行，旋转一周的时间是 79 年，而比邻星运行一周的时间却是 100 000 多年。因此，我们完全不用担心 A、B 这两颗星会取代比邻星的位置，成为距离地球最近的恒星。

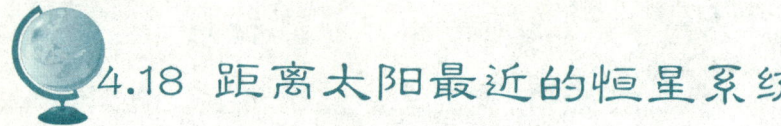

半人马座 α 星

比邻星

图 82 距离太阳最近的恒星系统。

半人马座 α 星这个恒星系统中的星星有什么物理

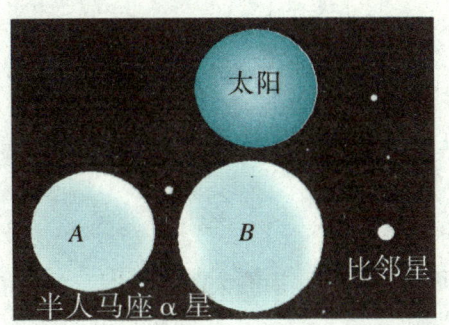

图4-13 半人马座α星和太阳的大小比较

特征呢？其中，A星的直径、质量、亮度都比太阳大一些；B星的直径是太阳直径的$\frac{6}{5}$倍，质量比太阳的质量小一些，亮度仅仅是太阳亮度的$\frac{1}{3}$，表面的温度（4400℃）也比太阳的温度（6000℃）低；比邻星的表面温度比B星的温度还低，大约是3000℃，它是一颗红色的恒星。它的直径是太阳直径的$\frac{1}{14}$，体积位于土星和木星之间，但质量远远大于它们的质量。

当我们站在A星上时，看到的B星的大小类似于天王星上空的太阳，但比邻星是一颗非常暗的小星。实际上，比邻星到A、B两颗星的距离是冥王星到太阳距离的60多倍，是土星到太阳距离的240倍，但比邻星只比土星大一点。

除了半人马座α星，我们的近邻是一颗9.5等星，属于蛇夫座，它的名字是"飞星"。之所以有这样的名字，是因为它运行的速度非常快。这颗星到我们的距离是半人马座α星的1.5倍，可以算是北天空中距离我们最近的恒星。它的运行轨道和太阳的运行轨道是倾斜的，由于它的速度很快，在不到一万年的时间里，有两次逼近我们。当它和我们的距离最近的时候，比半人马座α星还要近。

# 第4章 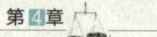恒星

4.19 宇宙比例尺

我们回想一下前面说到的缩小后的太阳系模型，如果把恒星也加进去，那会变成什么样子呢？

在这个模型中，太阳是一个直径为 10 厘米的网球，太阳系是直径 800 米的圆。按照这样的比例尺，恒星应该放到距离太阳多远的地方呢？通过计算得知，半人马座的比邻星到网球的距离是 2600 千米，天狼星在距离网球 5400 千米远的地方，河鼓二到网球的距离是 9300 千米。也就是说，这些比较近的恒星在这个模型几千千米外的地方，那些更远的恒星，只能用"千千米"这个单位测量了。用这个单位计量，地球的周长是 40，地球到月球的距离是 380。织女星到我们模型的距离是 22 千千米，大角的距离是 28 千千米，五车二的距离是 32 千千米，轩辕十四的距离是 62 千千米，天鹅座中的天津四的距离大于 320 千千米。

现在，我们把最后一个数字换算一下，320 千千米就是 320 000 千米，这个距离只比地球到月球的距离小一些。由此可知，在这个模型中，不能将这些恒星表示出来，除非把模型的范围扩大到地球之外去。

即使这样，我们的模型还没有完成。在银河系中，最远的恒星到模型的距离是 30 000 千千米，这个距离是地球到月球距离的 100 多倍。而且，我们的银河系只是宇宙中的一小部分，还有很多其他的银河系，比如我们用肉眼可以见到的仙女座星云和麦哲伦云。小麦哲伦云的直径是 4000 千千米，大麦哲伦云的直径是 5500 千千米，它们到银河系模型的距离是 70 000 千千米；仙女座星云的直径大约是 60 000 千千米，到银河系模型的距离是 500 000 千千米，这个距离大约是木星到地球的距离。

现在，天文学上研究的最远的天体是一些河外星云，那是无数恒星的集合体，它们到太阳的距离大约是 600 000 000 光年。大家可以计算一下，这么远的距离在我们的模型中，要放到什么位置呢？算完之后，大家对宇宙的空间会有进一步的认识，也可以理解现代天文仪器所能到达的位置。

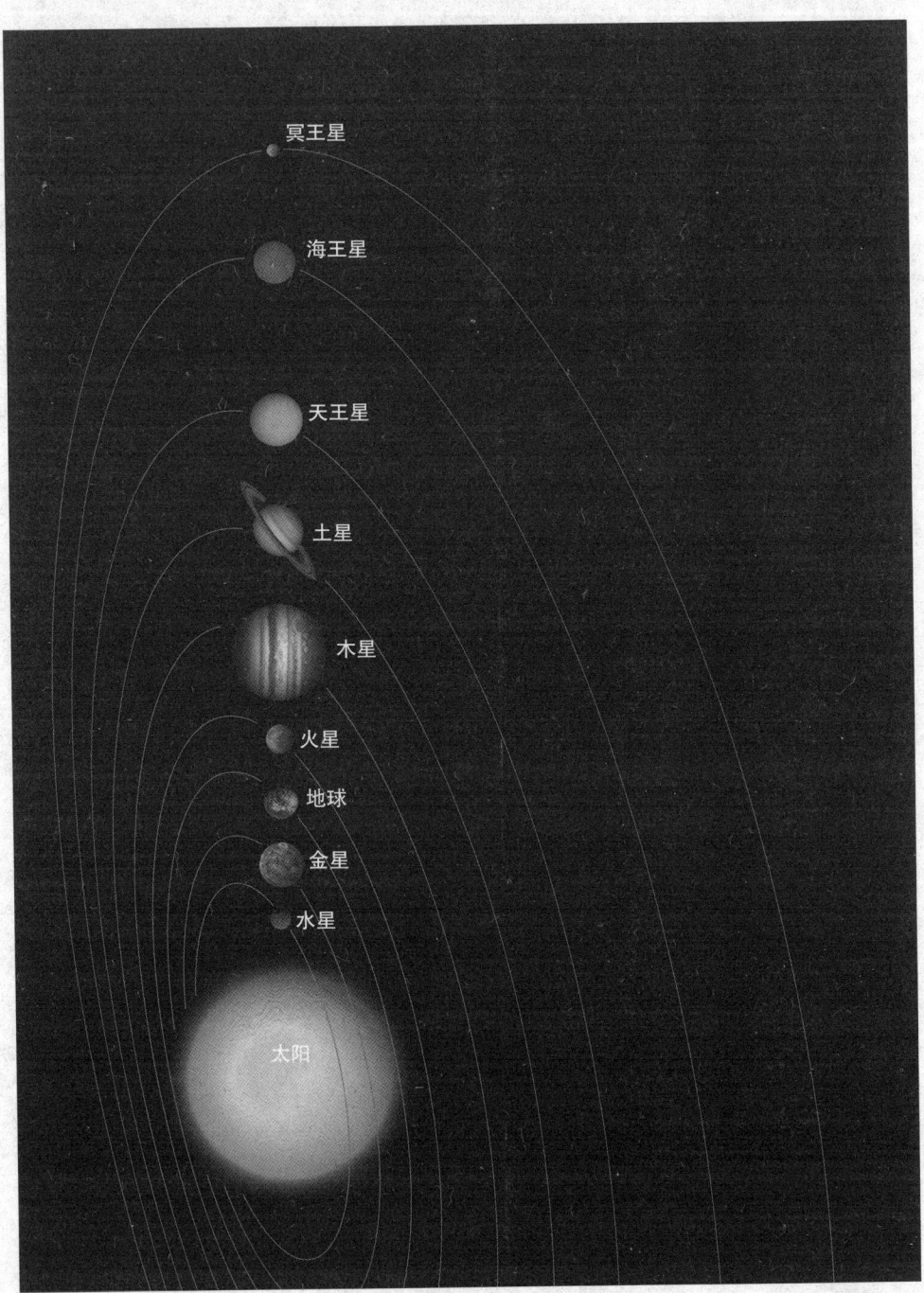

太阳系

# 第 5 章

## 万有引力

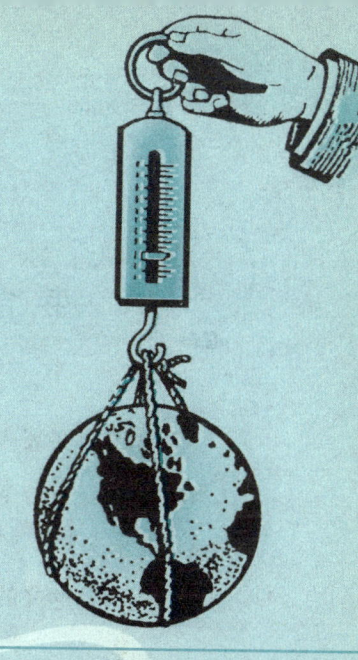

# 第5章 万有引力

## 5.1 垂直向上射的炮弹

在赤道上安装一个大炮,垂直向空中发射炮弹,那么,炮弹会落到什么地方呢?以前,有一本杂志讨论过这个问题,在理想的状态下,炮弹发射的速度是8 000米/秒,70分钟后会到达6 400千米(地球的半径长度)的空中。杂志里的内容是这样的:

如果从赤道上向上空垂直发射炮弹,那么,离开炮口的炮弹也应该有地球自西向东的自转速度,并且和赤道上那一点的速度(465米/秒)相同。所以,炮弹会以这个速度跟着赤道前进,但炮台上空6 400千米的那一点,正以两倍的这个速度沿着比地球半径上的点多一倍的速度圆运动着,并且和炮弹的方向相同。所以,这个点会在炮弹的东面。当炮弹到达6 400千米的高空时,它不是在出发点的正上方,而是出发点正上方的西边。在炮弹降落的时候,还是会发生这样的情况。结果就是,在炮弹上升和下降的过程中,会向出发点的西面移动,当落到地上的时候,向西移动了大约4 000千米。如果想要炮弹落在出发点,就不应该垂直发射,而是略微向东倾斜,角度大约是5°。

关于这个问题,弗兰马里翁用了另一种解答方法,答案截然不同。在《大众天文学》这本书里,他是这样写的:

如果炮弹是垂直向空中发射的,它一定会回到发射点,虽然在上升和下降的过程中会受到地球自转速度的影响。原因很简单:炮弹在上升的时候,一方面是向上的速度,另一方面是地球向东的自转速度,但这两个速度不会相互冲突,在往上升高1千米的同时,还向东运动了6千米。其实,炮弹在空中的运

图 5-1 垂直向空中发射的炮弹

动路线是平行四边形的对角线,一边是 1 千米,另一边是 6 千米。当炮弹下降的时候,在重力的影响下,它会沿着另一条对角线运动(准确地说,由于有加速度的影响,是沿着曲线运动的),最后回到发射点。

"但是,要做这个实验非常难,因为难以找到制作十分精确的大炮,也不能保证大炮的安装完全垂直。17 世纪时,吉梅尔森和蒲圻曾经做过这个实验,但发射出去的炮弹不知道跑到哪儿去了。1690 年,瓦里尼昂出版了《引力新论》,这本书的封面上有一幅画(图 5-1)。这张画上有两个人,一个是吉梅尔森,另一个是蒲圻,他们站在大炮旁边,抬头望着发射出去的炮弹,同时产生这样的疑问:"它会回来吗(图中法文的意思)?"他们做过好几次实验,由于不是垂直发射的,炮弹最后都没能落回来。于是,他们就得出结论,炮弹会留在空中,永远不会回来了。对于这一点,瓦里尼昂很惊讶,说道:"炮弹要高挂在我们的头顶,这真是太奇怪了!"后来,在斯特拉斯堡做了这个实验,炮弹落在了距离发射点几百米的地方。显然,发射的时候不是完全垂直的,所以造成了这个结果。"

上面是两种完全不同的答案,一种说法是炮弹会落到发射点的西面,另一种说法是炮弹会落到发射点。那么,到底哪一种说法正确呢?

严格来说,这两种说法都不正确,但弗兰马里翁的答案更接近标准答案。

炮弹会落到发射点的西面，不会那么远，也不会落到炮口。

不过，基本数学无法解答这个问题①，我们只把推算的结果表示出来。

我们用 $v$ 表示炮弹的初始速度，$\omega$ 表示地球的自转角速度，$g$ 表示重力加速度，$x$ 表示炮弹的发射点到落地点的距离，可以得到：

$$x = \frac{4}{3} \omega \frac{v^3}{g^2} \text{（在赤道上）}$$

$$x = \frac{4}{3} \omega \frac{v^3}{g^2} \cos\delta \quad \text{（纬度是 } \delta \text{）}$$

在赤道上发射炮弹时，各个变量的数据是：

$$\omega = \frac{2\pi}{86164}$$

$$v = 8000 \text{m/s}$$

$$g = 9.8 \text{m/s}^2$$

把这些数带入第一个方程式，得到 $x = 50$ 千米，也就是说，炮弹落在发射点以西 50 千米远的地方，而不是第一种说法中的 4000 千米处。

那么，弗兰马里翁所说的是什么情况呢？其实，他说的发射炮弹的地方不是赤道，而是纬度是 48°靠近巴黎的地方。所以，我们得到的各个数值是：

$$\omega = \frac{2\pi}{86164}$$

$$v = 300 \text{m/s}$$

$$g = 9.8 \text{m/s}^2$$

$$\delta = 48°$$

把这些数据带入第二个方程式，得到 $x = 1.7$ 米，也就是说，炮弹落在发射点西边 1.7 米处，而不是炮口处。当然，我们没有把气流对炮弹的影响计算在内，因此会有一定的偏差。

---

① 这个问题需要特殊的精密计算，本书不作详细介绍。

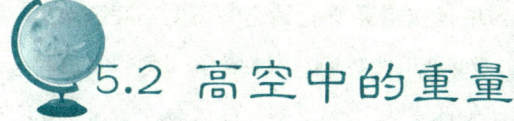

## 5.2 高空中的重量

我们知道，物体距离地面越远，受到的重力就越小，这里所说的重力就是万有引力的体现。另外，两个物体之间的引力也是随着它们距离的增大而变小的。根据牛顿定律可知，引力和距离的平方是反比关系。需要说明的是，这里说的距离要从地心算起，因为地球对物体的引力好像都集中在地心。因此，在 6 400 千米的高空，到地心的距离是地球的直径 12 800 千米，物体所受到的地球引力是地球表面的 $\frac{1}{4}$。

对于垂直上升的炮弹来说，表现为它上升的高度要比重力不受高度影响时要高。对于发射速度是 8 000 米／秒垂直上升的炮弹来说，我们曾经认为它能够到达 6 400 千米的高空。但是，如果我们不考虑重力随着高度的变化而发生变化这个条件，只是用一般的公式来计算，那么，炮弹能够到达的高度只有 6 400 千米的一半。在物理学中，对于一个受到固定重力的物体来说，如果它的初速度是 $v$，那么，它能够上升的高度 $h$ 是：

$$h = \frac{v^2}{2g}$$

把 $v$=8000 米／秒，$g$=9.8 米／秒$^2$ 代入上面的公式，可以得到：

$$h = 2 \times \frac{8\,000^2}{9.8} \approx 3\,265\,000 \text{ 米} = 3\,265 \text{ 千米}。$$

这个数字大约是 6 400 千米的一半，正好符合上面的说法。不过，我们在计算的时候，没有把高度对重力的影响算进去。很明显，如果炮弹在上升的过程中，受到的重力越来越小，那它上升的高度还要高一些。

但我们不必下结论，认为物理学中计算高度的公式不正确。其实，在一定的范围内，这个公式是正确的，只有超出这个范围的时候，公式才会出现偏差。如果物体上升的高度不大，重力的改变也是非常小的，可以忽略不计。因此，对于初速度是 300 米／秒的炮弹来说，它上升的高度不是很大，重力改变的很小，这个公式就适用。

在这里，有一个非常有趣的问题：现代航空器所能到达的高度，能够察觉出重力的减小吗？在这样的高度，重力的减小明显吗？1936年，飞行员弗拉基米尔·康基纳奇带着不同重量的物体飞往高空。第一次，他携带了0.5吨的重物飞到了11 458米的高空；第二次，携带的是1吨的物体，到达的高度是12 100米；第三次，他带着2吨的重物到达了11 295米的地方。这时，又有问题了，在上升的过程中，这些重物的重量会发生什么变化呢？乍看起来，物体升到十几千米的空中，重量不会有什么变化，因为物体在地面上时到地心的距离就是6 400千米。从地面往上升高了12千米，只不过是到地心的距离变成了6 412千米而已，这么小的距离变化，重量不可能发生改变。实际上，在这样的情况下，物体重量的改变是非常明显的。

下面，我们算一下把2 000千克的物体带到11 295米的高空发生的变化，也就是弗拉基米尔·康基纳奇的第三次实验。在这样的高度，物体到地心的距离是在地面时到地心距离的 $\frac{6411.3}{6400}$ 倍。这时，物体受到的引力和地面的引力之比是：

$$1 : \left(\frac{6411.3}{6400}\right)^2 = 1 : \left(1+\frac{11.3}{6400}\right)^2$$

所以，重物在这个高度的重量是：

$$2000 \div \left(1+\frac{11.3}{6400}\right)^2$$

利用近似值算法[①]可以得知，在11.3千米的高空，物体的重量是1993千克，比地面上时减轻了7千克。把一个重1千克的秤锤带到这样的高空，它的重量会减少3.5克，变成996.5克。

平流层飞艇在22千米的高空飞行时，重量减少得更多，每一千克会减

---

[①] 此处使用的近似值算法是：

$(1+a)^2 = 1+2a+a^2 \approx 1+2a$

$1 \div (1+a) = \frac{1-a}{(1+a)(1-a)} = \frac{1-a}{1-a^2} \approx 1-a$

其中，$a$ 是一个非常小的数，所以 $a^2$ 就更小了，可以忽略不计，因此

$2000 \div \left(1+\frac{11.3}{6400}\right)^2 \approx 2000 \div \left(1+\frac{11.3}{6400}\right) \approx 2000 \times \left(1-\frac{11.3}{2300}\right) \approx 2000-\frac{11.3}{1.6} \approx 2000-7$

少 7 克。

1936 年，飞行员带着 5 000 千克的重物飞到了 8 919 米的高空，按照上面的算法可以得出，在这样的高度重物会减轻 14 千克。

1936 年，飞行员阿列克谢耶夫和纽赫季科夫分别把重 1 吨和 10 吨的物体带到了 12 695 米和 7 032 米的高空，请大家算一下，两个重物各会减少多少千克呢？

## 5.3 在纸上画行星轨道

在开普勒的行星运动三大定律中，最难理解的是第一定律，按照这条定律的说法，行星的运行轨道是椭圆形的。我们知道，太阳各个方向的吸引力是一样的，而且随着距离的增加引力减少的程度也相同，既然如此，行星的运行就应该是以太阳为圆心的圆周运动，而不是椭圆运动。那么，行星的运行轨道为什么是椭圆形呢？其实，用数学方法就可以解答这个问题，但为了帮助大家更好地理解开普勒定律，我们来做一个实验。

准备一个圆规、一把直尺和一张大纸，我们动手画行星的运行轨道。这样一来，我们就能清楚地知道，这些轨道和开普勒定律是一致的。

万有引力决定着行星的运动，所以在画图的过程中离不开万有引力。在图 5-2 中，最上面右边的大圆圈代表的是太阳，左边的小圆圈代表的是行星，我们使用的比例尺是 200 000 千米：1 厘米，也就是说，真实距离的 200 000 千米在图上用 1 厘米表示。0.5 厘米长的箭头表示的是太阳对行星的引力。假设行星在这个引力的作用下靠近地球，来到了距离太阳 900 000

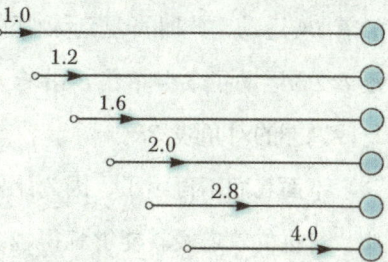

图 5-2 太阳对行星的引力随着距离的减小而增大

千米的地方，也就是图上 4.5 厘米的地方，此时太阳对行星的引力是原来的 $(\frac{10}{9})^2$ 倍，大约是 1.2 倍。如果用 0.5 厘米的箭头表示一个引力单位，那么，现在的箭头就是 1.2 个单位。当行星到太阳的距离减少到 800 000 千米的时候，也就是图中 4 厘米的地方，引力是原来的 $(\frac{5}{4})^2$ 倍，大约是 1.6 倍，箭头的长度是 1.6 个单位。行星继续向太阳靠近，距离依次是 700 000 千米、600 000 千米、500 000 千米，箭头的长度相应地会变为 2 个单位、2.8 个单位、4 个单位。

我们可以明白，上面的箭头不仅表示太阳对行星引力的大小，还表示行星在太阳的引力下，在一定时间内的位移（跟力的大小是正比关系）。在下面的作图中，行星的位移就用这些箭头的长度来表示。

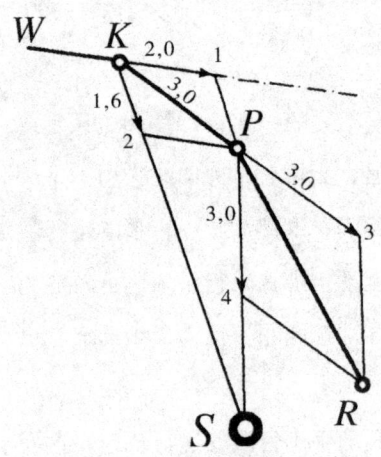

图 5-3 行星的运行路线（$S$ 表示太阳）

下面，我们来画行星围绕着太阳运行的轨道。假如在某一时刻，有一个行星的质量和上面所说的行星相同，它正沿着 WK 运动，速度是 2 个长度单位。现在，这颗行星达到了 $K$ 点，到太阳的距离是 800 000 千米（图 5-2）。经过了一段时间，太阳的引力使它前进了 1.6 个单位长度，它在 WK 上前进了 2 个单位长度，结果，它的实际路线是沿着 K1、K2 为边的平行四边形的对角线 KP 运动，运动的长度是 3 个单位，到达了 P 点。

到达 P 点之后，行星一方面要沿着 P3 运动，另一方面受到太阳的引力，沿着 P4 运动，此时行星到太阳的距离是 5.8 个长度单位。一段时间后，行星沿着 P3 运动了 3 个单位，沿着 P4 也运动了 3 个单位，实际路线是另一个平行四边形的对角线 PR。

下面我们不再画了，因为比例尺太大了，无法继续。显然，比例尺选得越小，行星的轨道段就能够画得越多，连接点的尖角也会比较平缓，这样就接近行星真正的运行轨道了。图 5-4 选择的比例尺比较小，图中所选的行星的质

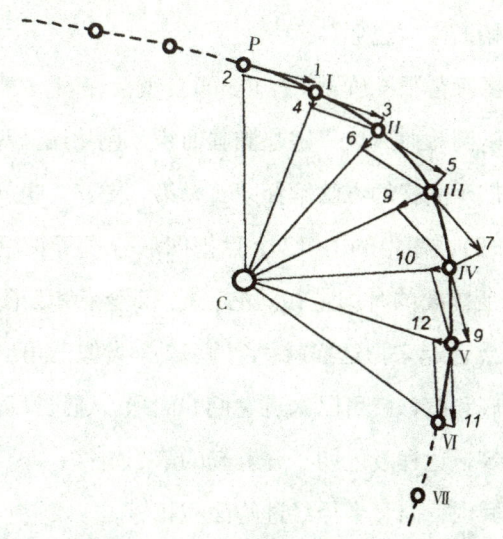

图 5-4 在太阳 C 引力下行星 P 的运行轨道，偏离了原来的直线

量和上面的类似，描述的是行星的运行轨道。可以看出，太阳的引力使这颗行星的运动偏离了原来的路线，沿着曲线 P Ⅰ Ⅱ Ⅲ Ⅳ Ⅴ Ⅵ 运动。这时，各个连接点的尖角不是很尖锐，我们用平滑的曲线连接起来，就形成了行星的运行轨道。

这是一条什么样的曲线呢？借助于几何学的知识，我们能够找出这个问题的答案。把一张白纸盖在图 5-4 上，在行星运行的轨道上面随意取 6 个点，然后为每个点编号，在将 6 个点连接起来（图 5-5）。这样一来，就得到了一个六边形的行星轨道，在这个轨道中，有些边是相交的。现在，把直线 1-2 延长，和直线 4-5 相交，交点是Ⅰ。用同样的方法，延长直线 2-3、3-4、5-6、1-6，让直线 2-3 和直线 5-6 相交于点Ⅱ，直线 3-4 和直线 1-6 相交于点Ⅲ。如果行星的运行轨道是圆锥曲线，也就是椭圆、抛物线、双曲线其中的一种，那么，Ⅰ、Ⅱ、Ⅲ点就在同一条直线上，这就是几

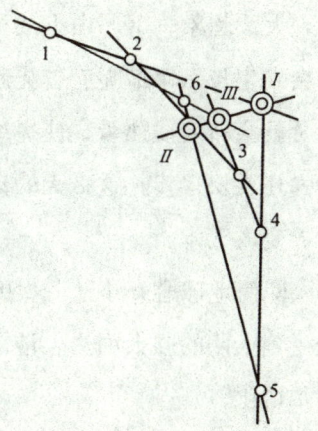

图 5-5 行星轨道是圆锥曲线的几何学证据

何学上著名的"帕斯卡六边形"。

如果我们的图画得很准确，Ⅰ、Ⅱ、Ⅲ点就会在同一条直线上。这就是说，行星的运行轨道是圆锥曲线，一定是椭圆曲线、抛物线、双曲线之一。

接下来，我们用同样的方法解释开普勒第二定律，也就是面积定律。仔细观察前文的图1-21，图中的1-12个点把图形分成了长短不一的十二段，但行星走过每一段所需要的时间是相同的。把12个点和太阳连起来，然后用弧线把相邻的两个点连起来，这样就得到了12个类似三角形的图形。只要求出了这些三角形的底和高，就可以知道它们的面积。通过计算可以得知，这些三角形的面积都相等，这样就证明了开普勒的第二定律：

在相同的时间内，向量半径经过的面积相等。

现在，我们明白了开普勒的第一定律和第二定律，想要弄清楚开普勒的第三定律，就必须进行一些相应的数字计算。

## 5.4 行星朝太阳坠落

大家想象一下，由于某种原因，地球停止了绕着太阳的运动，那么，这时会发生什么事情呢？首先想到的是，地球不再运动后，它本身储存的巨大能量就会转变成热量，使得地球燃烧起来。因为地球绕着太阳的运行速度比子弹还要快得多，这么大的动能转化成热能的时候，瞬间就能让我们的这个世界变成气体。

即使地球避开了这一次的灾难，也无法逃避接踵而来的另一场灾难：由于受到太阳的强大引力，地球会以越来越快的速度奔向太阳，最后被太阳的烈焰熔化。

在向太阳靠近的过程中，开始时的速度非常慢。第一秒的时候，地球仅仅向太阳靠近了3毫米。但每隔一秒，地球的速度就快一些，最后一秒的速度高达 600 千米，地球就会用这样的速度撞向太阳。

那么，这个运行过程持续的时间是多长呢？要想解答这个问题，就必须使用开普勒第三定律。这个定理不仅适用于行星的运动，也适用于一切受到万有引力的天体。这条定律把行星绕着太阳运行一周的时间和行星到太阳的距离结合在一起，其内容是这样的：

行星绕着太阳运行轨道半长径的立方与行星绕着太阳旋转一周所需时间的平方之比，是一个常数。

我们把落下太阳的地球想象成一个彗星，它沿着非常扁长的椭圆轨道运行，椭圆形的两个端点，一个在地球轨道附近，一个是太阳的中心。很明显，这个彗星轨道的半长径是地球轨道长径的一半，我们计算一下这个彗星的运行周期。

根据开普勒第三定律可得：

$$\frac{(地球绕日周期)^2}{(彗星绕日周期)^2} = \frac{(地球轨道的半长径)^3}{(彗星轨道的半长径)^3}$$

地球绕着太阳旋转一周的时间是 365 天，如果把地球轨道的半长径当作 1，那么，彗星轨道的半长径就是 0.5，我们可以得到：

$$\frac{365^2}{(彗星绕日周期)^2} = \frac{1}{(0.5)^3}$$

由此得出：

$$彗星绕日周期 = 365 \times \frac{1}{\sqrt{8}} = \frac{365}{\sqrt{8}}$$

不过，我们感兴趣的不是彗星的绕日周期，而是这个周期的一半，也就是从彗星轨道的这一头运行到另一头（从地球到太阳）需要的时间。因为这个才是我们需要知道的时间，也就是地球落到太阳上的时间，结果是：

$$\frac{365}{\sqrt{8}} \div 2 = \frac{365}{2\sqrt{8}} = \frac{365}{\sqrt{32}} = \frac{365}{5.6}$$

这就是地球落到太阳上需要的时间，大约是 64 天。

这样我们就知道了，如果地球绕着太阳的运动突然停止了，两个多月后，它就会落到太阳上，彻底地被焚毁。

从根据开普勒的第三定律求出的公式中可以看出，这个公式不仅适用于地

球,也适用于其他的行星和卫星。如此一来,想知道行星或者卫星需要多长时间才能落到它们的中心天体上,只要用它们的恒星周期除以 5.6 就可以了。

所以,距离太阳最近的水星,它的绕日周期是 88 日,它落到太阳上需要的时间是 15.5 日;海王星的绕日周期是 165 个地球年,它落到太阳上的时间是 29.5 个地球年;冥王星 44 年才能落到太阳上。

那么,如果月球停止了绕着地球的运动,多长时间后会落到地球上呢?月球的恒星周期是 27.3 日,除以 5.6 的结果大约是 5 天。不只是月球,只要是和月球到地球的距离一样的星体,在只受到地球引力的情况下,如果没有初速度,落到地球上的时间都是 5 天(这里忽略了太阳的引力)。利用这个公式,我们就可以求出凡尔纳《炮弹奔月记》一书中所说的,炮弹到达月球需要的时间。

## 5.5 赫菲斯托斯的铁砧

现在,我们利用上面的公式解答希腊神话中的一个问题。在古希腊神话中,赫菲斯托斯是锻冶之神,他曾经从天上扔下一块铁砧,9 天后才落到地面上。在古代人的认识中,这个时间符合他们认为天很高的想法,要知道,铁砧从金字塔的顶端落到地上的时间仅仅是 5 分钟而已。

不难看出,古希腊人所谓的宇宙,和我们现在所知道的相比较,实在是太小了。

我们已经知道,月球落到地球上需要 5 天的时间,神话中的铁砧需要 9 天才能落到地面上,可知,铁砧所在的天堂比月球到地球的距离更远。那么,到底有多远呢?用 $\sqrt{32}$ 乘以 9 得到的是铁砧绕着地球旋转一周的时间,这个时间大约是 51 日。下面,我们用开普勒第三定律计算一下:

$$\frac{(月球绕地球周期)^2}{(铁砧绕地球周期)^2} = \frac{(月球的距离)^3}{(铁砧的距离)^3}$$

代入数字可以得到：

$$\frac{27.3^2}{51^2} = \frac{380\,000^3}{(\text{铁砧到地球的距离})^3}$$

由此得出：

铁砧到地球的距离 $= \sqrt[3]{\dfrac{51^2 \times 380\,000^3}{27.3^2}} = 380\,000 \sqrt[3]{\dfrac{51^2}{27.3^2}}$

最后，得出的结果大约是 580 000 千米。

对于现代天文学来说，古希腊神话中的天和地之间的距离实在太短了，仅仅是月球到地球距离的 1.5 倍而已。希腊神话中宇宙的终点，只不过是我们所知道的宇宙的起点罢了。

## 5.6 太阳系的边界

我们运用开普勒第三定律进行下面的计算：如果把彗星轨道的远日点当作太阳系的边界，那它在什么地方呢？我们用前面的公式来计算。在第三章里，有一颗彗星的绕日周期是 776 年，这是已知的周期最长的彗星，它到太阳的距离是 1 800 000 千米。

我们知道，地球到太阳的距离是 150 000 000 千米，我们用这个作比较，可以得到：

$$\frac{776^2}{1^2} = \frac{\left[\dfrac{1}{2}(x+1\,800\,000)\right]^3}{150\,000\,000^3}$$

计算后得出：

$$x + 1\,800\,000 = 2 \times 150\,000\,000 \sqrt[3]{776^2}$$

求出 $x = 25\,330\,000\,000$ 千米。

由此可知，这颗彗星到太阳的距离最远的时候，比地球到太阳的距离远 167 多倍。而且，这个距离是最远的行星冥王星到太阳距离的 4.5 倍。

## 5.7 不存在的彗星

在凡尔纳的小说中,有一颗彗星叫哈利亚,它绕着太阳旋转一周需要的时间是两个地球年。另外,小说中还说,这个彗星的远日点到太阳的距离是 82 000 万千米。虽然小说中没有说彗星的近日点到太阳的距离,但通过上面的两个数字,我们可以确定太阳系中不存在这样的彗星。而且,我们可以使用开普勒的第三定律来证明。

我们假设这颗彗星的近日点到太阳的距离是 $x$ 百万千米,那么,彗星运行轨道的长径就是 $(x+820)$ 百万千米,半长径就是 $\dfrac{x+820}{2}$ 百万千米。将这个彗星的绕日周期、距离和地球的绕日周期、距离(地球到太阳的距离是 150 百万千米)作比较,可以得到:

$$\frac{2^2}{1^2}=\frac{(x+820)^3}{2^3\times 150^3}$$

计算后得出:

$$x=-343$$

这说明,彗星的日近点到太阳的距离是负数,这根本不可能。也就是说,绕日周期是两个地球年的彗星,它到太阳的距离不会像凡尔纳的小说中描述的那么远。

## 5.8 为地球称重

有些人认为,天文学家能够发现遥远的星星是一件神奇的事情,其实还有更神奇的呢,那就是为地球及其他的天体称重。那么,他们是怎么做的呢（图 5-6）？

首先，我们来称量地球的重量。在此之前，我们要说一下，什么是地球的重量。我们说物体的重量时，指的是它对支撑物体的压力，或者用弹簧秤拉起它时需要的拉力。不管是压力还是拉力，都不适用于地球，因为没有什么东西能把地球支撑起来，更没有什么能把地球拉动。如此说来，要怎么确定地球的重量呢？其实，天文学家计算的是地球的质量。

我们在商店里买糖的时候，售货员为我们称了 1000 克的白糖，我们感兴趣的不是白糖对磅秤的压力，而是它能够食用多长时间。也就是说，我们感兴趣的是白糖的物质分量，而不是它的重量。

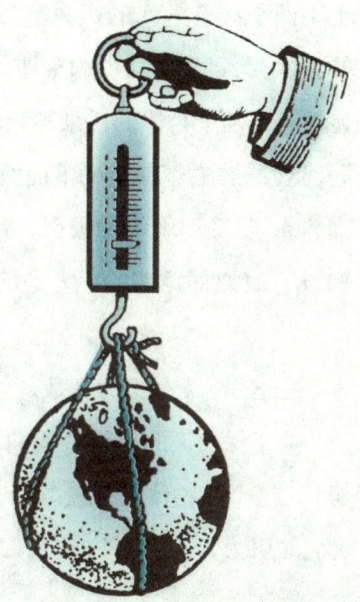

图 5-6 如何称量地球的重量

要想知道物体的分量，就必须知道这个物体的地球引力。我们知道，相同分量的物质，它们的质量也相同，而物体的分量可以通过引力计算出来，因为质量和引力是正比关系。

现在，我们来说一下地球的重量。只有知道了地球的质量，就可以算出它的重量了。所以，为地球称重的问题就转化成了求地球的质量。

下面，我们就讲解一下计算地球质量的方法，这个方法叫做"乔里法"。

图 5-7 是一个非常灵敏的天平，横梁的两端各有两个非常轻的托盘，质量忽略不计。

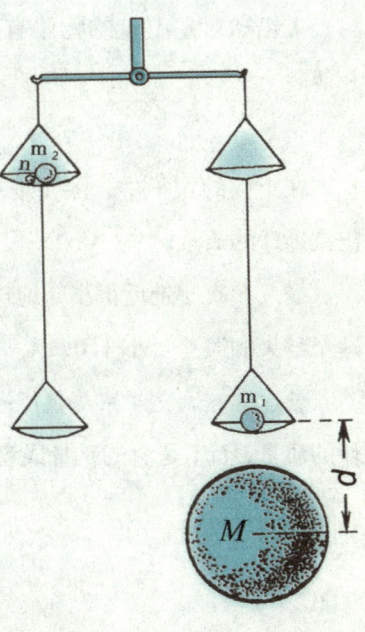

图 5-7 乔里天平

171

上下两个托盘之间的距离是 20～25 米。在右下边的托盘里放一个质量是 $m_1$ 的物体，为了保持托盘的平衡，需要在左上边的托盘里放一个质量为 $m_2$ 的物体。显然，这两个物体的质量不相等，因为物体所处的高度不同，受到的引力也不同。这时，在右下托盘的下面放一个大铅球，它的质量是 $M$，天平不再保持平衡，因为 $m_1$ 要受到大铅球吸引，这个引力是 $F$。$F$ 和 $m_1$、$M$ 的质量成正比关系，和 $m_1$、$M$ 之间距离的平方是反比关系，于是得到：

$$F=k\frac{m_1 M}{d^2}$$

在这里，$k$ 是引力常数。

为了保持天的平衡，我们在左上边的托盘里再放上一个小物体，它的质量是 n，这个小物体对托盘的压力等于它的重量，也就是说，它的重量等于地球对它的引力，这个力是 $F'$，表达式是：

$$F'=k\frac{nM_e}{R^2}$$

这里的 $M_e$ 是地球的质量，$R$ 是地球的半径。

大铅球对左上盘的物体有着很小的影响，我们忽略不计，上面两个式子相等：

$$F=F' \quad 或者 \quad k\frac{m_1 M}{d^2}=k\frac{nM_e}{R^2}$$

在上面的式子中，除了地球的质量 $M_e$，其他的都是已知数，所以可以求出来地球的质量。

经过多次测量后得出，地球的质量是 $5.974\times 10^{27}$ 克，大约是 $6\times 10^{21}$ 吨，这个结果的误差要小于 0.1%。

就这样，天文学家测量出了地球的质量。在称量的过程中，我们称的是物体的质量，而不是它的重量或者引力，只是让物体的质量等于砝码的质量而已。

## 5.9 地球的核心物质

在一般的情况下，我们是这样来求地球的重量的：先计算出每一立方厘米地球的平均重量，然后利用几何学求出地球的体积，最后用平均重量乘以体积就是地球的总重量。其实，这种算法是不对的，因为我们求出的平均重量只是地球薄薄的外壳[①]的平均重量，而不包含地球内部物质的平均重量。然而，地球的内部是什么结构呢，我们无法得知。

实际上，要确定地球的平均密度之前，必须先确定地球的质量，和我们通常的顺序正好颠倒。已知地球的平均密度是 5.5 克／立方厘米，比地壳的平均密度大得多。这说明，地球深度物质的密度比地壳物质的密度大很多，根据一些数据推测，地球中心的物质是由铁元素构成的。

## 5.10 太阳和月球的质量

虽然太阳距离我们比较遥远，但它的质量比月球的质量更容易计算出来。

下面，我们计算一下太阳的质量。实验证明，1 克物体对于和它相距 1 厘米的物体的引力是 $\dfrac{1}{15\,000\,000}$ 毫克[②]。有两个物体，它们的质量分别是 $M$ 和 $m$，它们之间的距离是 $D$，根据万有引力定律可知，它们之间的引力 $f$ 是：

$$f = \frac{1}{15\,000\,000} \times \frac{Mm}{D^2}$$

---

[①] 我们探测的深度只有 25 千米，计算的结果告诉我们，矿物学上所探测到的地球，只有地球全部体积的 $\dfrac{1}{8}$ 而已。

[②] 准确地说，单位是达因，1 达因 =0.98 毫克。

如果用 $M$ 表示太阳的质量，$m$ 表示地球的质量，$D$ 是地球到太阳的距离，也就是 150 000 000 千米，那么，太阳和地球之间的引力是：

$$\frac{1}{15\,000\,000} \times \frac{Mm}{15\,000\,000\,000\,000} \text{ 毫克}$$

这个引力是地球围绕着太阳运行时的向心力，在力学中等于 $\frac{Mm}{D^2}$，$m$ 指的是地球的质量（克），$v$ 是地球的公转速度，等于 30 千米／秒，或者是 3 000 000 厘米／秒，$D$ 是地球到太阳的距离，由此可得：

$$\frac{1}{15\,000\,000} \times \frac{Mm}{D^2} = m \times \frac{3\,000\,000^2}{D}$$

从这个式子中求出：$\frac{2 \times 10^{27}}{6 \times 10^{21}}$

$$M = 2 \times 10^{33} \text{ 克} = 2 \times 10^{27} \text{ 吨}$$

用这个数字除以地球的质量得到：

$$\frac{2 \times 10^{27}}{6 \times 10^{21}} = 330\,000$$

还有另一种方法可以求出太阳的质量，把开普勒第三定律和万有引力定律结合起来，得到下面的公式：

$$\frac{M_s + m_1}{M_s + m_2} = \frac{T_1^2}{T_2^2} = \frac{a_1^3}{a_2^3}$$

上式 $M_s$ 表示的是太阳的质量，$m$ 是行星的质量，$T$ 是行星绕日的恒星周期①，$a$ 是行星到太阳的平均距离。将上面的式子运用到地球和月球上，可以得到：

$$\frac{M_s + M_e}{M_s + M_m} = \frac{T_e^2}{T_m^2} = \frac{a_e^3}{a_m^3}$$

把已知的数据代入上面的式子，由于我们要求的是近似值，所以可以把分子中地球的质量忽略不计，因为它和太阳的质量比起来实在太小了。同理，分母中月球的质量也可以略去，这样就得到：

$$\frac{M_s}{M_e} = 330\,000$$

只要知道了地球的质量，就能够求出太阳的质量。同时，也知道了太阳的质量是地球质量的 330 000 倍。

---

①恒星周期指的是站在太阳上观测时，行星绕着太阳旋转一周的时间，和地球上观测的会合周期不同。——编者注

求出了太阳的质量,用它去除以太阳的体积,得到的就是太阳的平均密度。根据结果显示,太阳的密度是地球密度的 $\frac{1}{4}$。

关于月球质量的求法,一位天文学家曾经说过:"虽然它到地球的距离比任何天体都近,但它的质量却比最远(当时)的海王星的质量还难求。"由于月球没有卫星,所以就要用比较复杂的方法来求它的质量。在这里,要借助太阳引起的潮汐和月球引起的潮汐的高度,才能够求出月球的质量。

引起潮汐的星体的质量和距离导致了潮汐高度的差异。我们知道太阳和月球到地球的距离,所以比较潮汐的高度就能够求出月球的质量,稍后我们讲解潮汐的时候会解答这个问题。在这里,我们只给出最终的结论,那就是质量是地球质量的 $\frac{1}{81}$(图 5-8)。

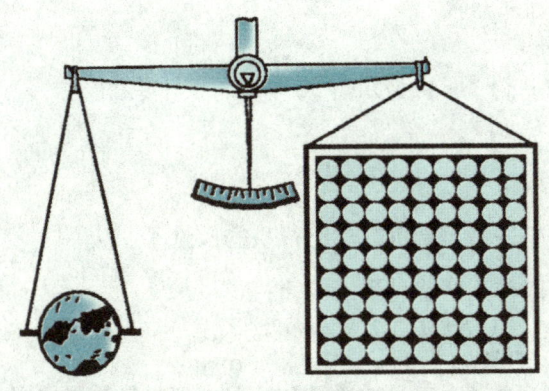

图 5-8 地球的质量是月球的 81 倍

月球的体积是地球体积的 $\frac{1}{49}$,所以月球的平均密度和地球平均密度之比是:
$$\frac{49}{81} \approx 0.6$$

这说明,月球上的物质的密度比较小,比较疏松,但比构成太阳的物质要紧密一些。

## 5.11 行星、恒星的质量和密度

对于任何一颗行星来说，只要它有自己的卫星，我们就可以计算太阳质量的方法计算出行星的质量。

只要知道了卫星绕着行星运行的速度 $v$，卫星到行星的平均距离 $D$，我们就可以求出向心力 $\dfrac{mv^2}{D}$。这个向心力等于行星和卫星之间的引力 $\dfrac{kmM}{D^2}$，这里的 $k$ 表示的是 1 克物体对于距离它 1 厘米的物体的引力，$m$ 是卫星的质量，$M$ 是行星的质量，得到式子：

$$\frac{mv^2}{D}=\frac{kmM}{D^2}$$

由此得出：

$$M=\frac{Dv^2}{k}$$

把相应的数据带进去，就可以求出行星的质量了。

在这里，还可以使用开普勒第三定律：

$$\frac{(M_s+M_{行星})}{(M_{行星}+m_{卫星})}\times\frac{T_{行星}{}^2}{T_{卫星}{}^2}=\frac{a_{行星}{}^3}{a_{卫星}{}^3}$$

在这个公式中，分子中行星的质量和分母中卫星的质量可以忽略不计，这样就得到了 $\dfrac{M_s}{M}$ 的比例。由于太阳的质量是已知的，因此可以求出行星的质量。

这个公式还可以用来求双星的质量，只是求出的不是各个星星的质量，而是它们的质量之和。

想要求出卫星的质量，或者没有卫星的行星的质量，那就困难多了。例如，如果想求出木星和金星的质量，就必须根据它们之间的干扰作用、它们对地球的干扰、它们对彗星的干扰来计算。

由于小行星的质量非常小，它们之间不会产生干扰作用，因此质量更难计算。我们只能猜测出小行星的质量总和的上限，而且也不一定正确。

知道了行星的质量和它们的体积,就能够求出行星的平均密度:

条件:地球的平均密度 =1

水星的平均密度 ≈ 1.00; 　　木星的平均密度 =0.24;

金星的平均密度 =0.92; 　　土星的平均密度 =0.13;

地球的平均密度 =1.00; 　　天王星的平均密度 =0.23;

火星的平均密度 =0.74; 　　海王星的平均密度 =0.22。

从上面的数据中可以看出,在这几个行星中,地球的平均密度最大。大行星的平均密度比较小的原因是,它们的周围有着厚厚的大气层,使它们的体积看起来很大,但大气层的密度却非常的小。

## 5.12 月球和行星上的重力

虽然天文学家没有到过月球,更没有去过其他的行星,但他们却能准确地说出月球和行星表面的重力,这是不是很神奇呢?其实,只要知道了一个星体的质量和半径,就能够算出这个星体表面的重力。

下面,我们就以月球为例子,具体地分析一下。我们知道,月球的质量是地球质量的 $\frac{1}{81}$,如果地球的质量也这么小,地球表面的重量就会变为现在的 $\frac{1}{81}$。根据牛顿定律可知,球形物体的质量、引力好像集中在球心。地球中心到地球表面的距离是地球的半径,月球中心到月球表面的距离是月球的半径,已知月球的半径是地球半径的 $\frac{27}{100}$,所以月球的引力也是地球引力的 $(\frac{27}{100})^2$ 倍。综合上述的两个因素,月球表面的引力是地球引力的:

$$\frac{100^2}{27^2 \times 81} \approx \frac{1}{6}$$

因此,在地球上重 6 千克的物体,在月球上只有 1 千克。但是,减少的重量只能用弹簧秤测出来,无法用天平称出来。

如果月球表面存在水,在月球表面游泳和在地球表面的感觉一样。虽然这

个人的体重减轻到 $\frac{1}{6}$,但他排开水的重量也减轻到了 $\frac{1}{6}$,两者的比例没有发生变化,所以这个人的感受也是一样的。

不过,这个人在月球表面游泳时更容易升到水面上来,因为他的体重减轻了,只需要很小的力就能够浮出水面。

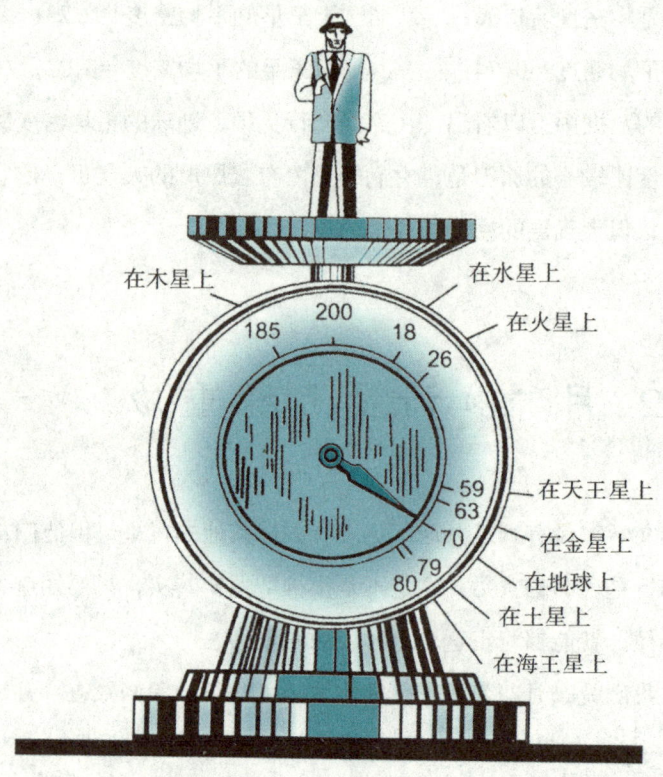

图 5-9 同一个人在不同行星上的重量

下面,我们把各大行星上的重力列出来,和地球的重力作一个比较:

地球表面的重力 =1.00;　　金星表面的重力 =0.90;

水星表面的重力 =0.26;　　火星表面的重力 =0.37;

土星表面的重力 =1.13;　　天王星表面的重力 =0.84;

海王星表面的重力 =1.14;　　木星表面的重力 =2.64。

从上面的数据中可以看出,重力最大的行星是木星,地球的重力排在第四位。

## 5.13 恒星的最大重力

在第四章里面,我们说过白矮星座的天狼 B 星表面的重力最大,这很容易解释,因为它的质量非常大,半径却很小,从而导致重力很大。现在,我们计算一下仙后座中的一颗白矮星的重力。这颗恒星的质量是太阳质量的 2.8 倍,半径只是地球半径的一半。我们知道,太阳的质量是地球质量的 330 000 倍,由此可知,这颗恒星的表面重力是地球表面重力的:

$$2.8 \times 330\,000 \times 2^2 = 3.7 \times 10^6 \text{ 倍}$$

1 立方厘米的水在地球上重 1 克,在这颗恒星上的重量大约是 3.7 吨!这颗恒星的平均密度是水的密度的 36 000 000 倍,所以 1 立方厘米的这种物质的质量是:

$$3\,700\,000 \times 36\,000\,000 = 1.332 \times 10^{14} \text{ 克}$$

手指头大小的物质竟然重一亿多吨,这太难以令人相信了,就算是最优秀的幻想家也不会想到这种事情。

## 5.14 行星深处的重力

如果把物体放到行星的内部深处,就像是幻想中的深井底部,那么,这个物体的重力会发生什么样的变化呢?

大多数的人会认为,物体的重量会增加,因为它到行星中心的距离更近了。然而,这样的想法是错误的,因为行星的引力随着深度的增加而减小,不是大家认为的越深引力越大。下面,我们简单地解释一下。

力学证明，如果把一个物体放到一个质地均匀的空心球的中心，那么，这个物体不受任何引力（图5-10）。由此可以推出，实心球内部的物体受到的引力，来自于它到球心的距离作半径的球形物质（图5-11）。

如此一来，我们就能知道物体到行星中心的距离越近，它受到的引力就越小。我们用 $R$ 表示行星的半径，$r$ 表示物体到行星中心的距离（图5-12）。物体在这一点受到的引力，一方面由于距离减小了，减小到原来的 $(\frac{R}{r})^2$ 倍；另一方面又因为行星中发挥引力作用的物质减少了，减少到原来的 $\frac{1}{(\frac{R}{r})^3}$。这样，物体的引力减少了：$(\frac{R}{r})^3 \div (\frac{R}{r})^2 = \frac{1}{\frac{R}{r}}$。

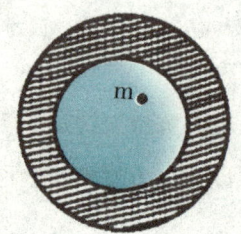 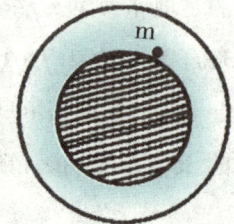 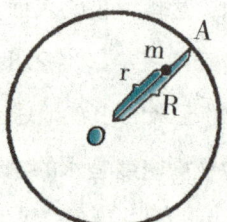

图5-10 空心球内部的物体不会受到空心球的引力作用

图5-11 行星内部的物体受到的引力，只和阴影部分的物质有关

图5-12 物体重量随着到行星中心距离的变化而发生改变

也就是说，物体在行星内部的重量和行星表面重量的比，等于物体到行星中心的距离和行星半径的比。例如，一个行星的大小和地球相同，它的半径也是6 400千米，那么，物体在行星内部3 200千米处的重量是行星表面重量的一半。当这个物体在深5 600千米的地方时，它的重量就会是在行星表面重量的 $\frac{1}{8}$。等到物体位于行星中心时，它的重量就是0，因为：

$$(6\,400 - 6\,400) \div 6\,400 = 0$$

其实，不用计算我们也可以想明白这一点，因为当物体在行星中心的时候，它受到的各个方面的引力相同，于是就相互抵消了。

不过，上面的结论只能适用于密度均匀的理想星球，不适合实际的行星。例如，地球深处物质的密度要大于地球表面物质的密度，所以引力的变化和距离的改变不是比例关系。地球的引力在距离地球表面不太深的时候,是随着深度的增加而增大的,只有再深入时,引力才会慢慢减小。

## 5.15 关于轮船的问题

**题**

对于一艘轮船而言,有月亮的夜晚轻一些,还是没有月亮的夜晚轻一些?

**解** 这个问题我们要考虑得全面一些,不能急着下结论,认为有月亮的夜晚轮船要轻一些,因为月球会对轮船产生引力。我们要明白,月球不仅吸引着轮船,同时也吸引着地球。由于月球的引力,地球和轮船的加速度是相同的,所以不能发生轮船重量的改变。不过,月夜的轮船的确要比无月时轻一些,这到底是怎么回事呢?

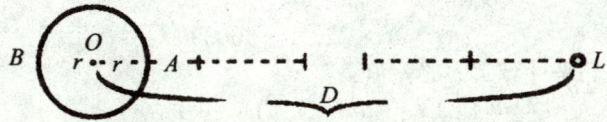

图 5-13 月球引力对地球微粒的影响

下面,我们来回答这个问题。在图 5-13 中,$O$ 点是地球的中心,$A$、$B$ 是位于地球两端的轮船,$r$ 表示的是地球的半径,$L$ 是月球的中心,$D$ 是月球中心到地球中心的距离。我们用 $M$ 表示月球的质量,$m$ 表示轮船的质量。为了计算方便,我们假设轮船 $A$、$B$ 和月球在同一条直线上,也就是说,月球在轮船 $A$ 的天顶,在轮船 $B$ 的天底。月球对轮船 $A$ 的引力(轮船在月夜受到的引力)是:

$$\frac{kMm}{(D+r)^2}$$

这里的 k 的值是 $\dfrac{1}{15\,000\,000}$ 毫克。月球对轮船 B 的引力（轮船在无月的夜里受到的引力）是：

$$\dfrac{kMm}{(D+r)^2}$$

这两个引力的差值是：

$$kMm \times \dfrac{4r}{D^3\left[1-\left(\dfrac{r}{D}\right)^2\right]^2}$$

由于 $\left(\dfrac{r}{D}\right)^2=\left(\dfrac{1}{60}\right)^2$ 是一个非常小的数值，可以忽略不计。因此，上面的式子变成：

$$kMm \times \dfrac{4r}{D^3}$$

可以变形为：

$$\dfrac{kMm}{D^2} \times \dfrac{4r}{D} = \dfrac{kMm}{D^2} \times \dfrac{1}{15}$$

这里的 $\dfrac{kMm}{D^2}$ 表示的是，当轮船到地球中心的距离是 $D$ 的时候，月球对轮船的引力。我们知道，地球上质量是 $m$ 的轮船，在月球上的重量是 $\dfrac{m}{6}$。所以，轮船和地球中心的距离是 $D$ 时，轮船的重量是 $\dfrac{m}{6D^2}$。

因为 $D$ 的值是 220 个月球的半径，所以：

$$\dfrac{kMm}{D^2} = \dfrac{m}{6 \times 220^2} \approx \dfrac{m}{300000}$$

现在，我们来计算引力的差值：

$$\dfrac{kMm}{D^2} \times \dfrac{1}{15} \approx \dfrac{m}{300000} \times \dfrac{1}{15} = \dfrac{m}{4500000}$$

如果轮船的重量是 45000 吨，那么，它在月夜和无月夜的重量相差：

$$\dfrac{45000000}{4500000}=10 \text{ 千克}$$

所以说，月夜中的轮船要轻一些，但和没有月亮的夜晚的差值不大。

## 5.16 潮汐

上面的那个问题可以帮助我们了解潮汐起落的原因，但我们不可以就此断定，太阳或者月球对地球表面水的吸引力导致了潮汐。在前面我们就说过，月球不仅吸引着地球表面的东西，也在吸引着地球。不过，月球引力中心到地球中心的距离，总是大于朝着月球那一面的地球上水的距离。使用刚才的方法，可以求出这个引力的差值。地球上正对着月球的那一点，1000 克水受到的月球引力比地球中心 1000 克物质受到的引力强 $\dfrac{2kM_m r}{D^3}$ 倍，背对着月球的地球上的水受到的引力要弱 $\dfrac{1}{\dfrac{2kM_m}{D^2}}$ 倍。

由于受到月球的引力，这两个地方的水都会离开地球表面，前者的水向月球移动的距离大于地球固体部分移动的距离，后者的水向月球移动的距离小于地球固体部分移动的距离[①]。

太阳的引力也会对地球表面的水产生影响。那么，对于地球上的水来说，太阳和月球哪一个的影响更大呢？如果我们比较两者的绝对引力，肯定是太阳的作用大。实际上，太阳的质量是地球质量的 330 000 倍，而月球的质量是地球质量的 $\dfrac{1}{81}$，所以太阳的质量是月球质量的（330 000×81）倍。因为太阳到地球的距离相当于 23400 个地球半径，月球到地球的距离是 60 个地球半径，所以太阳和月球对地球的引力之比是：

$$\dfrac{330\,000 \times 81}{23400^2} \div \dfrac{1}{60^2} \approx 170$$

这就是说，太阳对于地球上物体的引力是月球引力的 170 倍。这样一来，我们会觉得太阳对地球上的水影响更大，造成潮汐的涨落幅度也大。事实上，情况正好相反，月潮比日潮更大。我们用 $M_s$ 表示太阳的质量，$M_m$ 表示月球

---

① 这里说的是形成潮汐的基本原因，这是一个非常复杂的现象，还有其他的因素在起作用。

的质量，$D_s$ 是太阳到地球的距离，$D_m$ 是月球到地球的距离，那么，太阳和月球之间的引潮力之比是：

$$\frac{2kM_s r}{D_s^3} \div \frac{2kM_m r}{D_m^3} = \frac{M_s}{M_m} \times \frac{D_m^3}{D_s^3}$$

已知太阳的质量是月球质量的 330 000×81 倍，太阳到地球的距离大约是月球到地球距离的 400 倍，把数据代入上面的式子可以得到：

$$\frac{M_s}{M_m} \times \frac{D_m^3}{D_s^3} = 330\,000 \times 81 \times \frac{1}{400^3} = 0.42$$

由此可知，太阳引起的潮水的变化仅仅是月球引起潮水变化的 $\frac{2}{5}$。

在这里，我们解答前面遗留下来的问题，利用日潮和月潮的高度来计算月球的质量。

由于太阳和月球同时在起作用，所以不可能分别观察日潮和月潮。不过，当太阳、月球、地球位于同一条直线上的时候（太阳和月球产生的作用增长），我们可以测量潮水的高度；当太阳和地球的连线垂直于地球和月球的连线时（太阳和月球产生的作用抵消），再次测量潮水的高度。测量结果是，第二次测量的高度是第一次的 0.42 倍。月球的引潮力用 $x$ 表示，太阳的引潮力用 $y$ 表示，可以得到：

$$\frac{x+y}{x-y} = \frac{100}{42}$$

结果是：

$$\frac{x}{y} = \frac{71}{29}$$

利用上面的式子可以得到：

$$\frac{M_s}{M_m} \times \frac{D_m^3}{D_s^3} = \frac{29}{71}$$

太阳的质量是 $M_s = 330\,000 M_e$，这里的 $M_e$ 是地球的质量，代入上面的式子可以得到：

$$\frac{M_s}{M_m} = 80$$

也就是说，月球的质量是地球质量的 $\frac{1}{80}$。根据更精确的计算得知，月球的质量是地球质量的 0.0123 倍。

## 5.17 月球和气候

有这样一个问题：月球的引力也会引起了地球大气中的潮汐，那么，这种潮汐对地球的大气层会产生什么影响呢？俄国伟大的科学家罗蒙诺索夫发现了地球大气里的潮汐，他把这种潮汐命名为"空气波"。虽然很多人在研究这个问题，但对于大气潮汐的作用还是有很多错误的认识。一般人会认为，月球的引力会造成地球上空大气层强大的波动，从而形成非常大的潮汐，这种潮汐不仅会改变大气的压力，还会影响地球上的气候。

不过，这种想法是不对的。实际上，大气潮汐的起落变化不会超过大洋上的潮汐。这听起来很不可思议，因为最稠密的大气层的密度也仅仅是水的密度的 $\frac{1}{1\,000}$，月球的引力对大气的影响应该远远超过对水的影响，为什么不是这样呢？这个问题的原理，类似于伽利略的"两个铁球同时着地"的实验，在真空中，物体下落的速度和物体的重量没有关系。

现在，我们回忆一下中学时做过的一个实验。把一根羽毛和一个小铅球同时放在一个真空玻璃管中，它们下落的速度一样快。归根到底，潮汐现象就是在月球和太阳的引力下，地球表面的水向宇宙空间的坠落。如果宇宙的空间是真空的，那么，只要物体到引力中心的距离一样，不论轻重，它们坠落的速度都相同，并且在万有引力的作用下，它们的移动的位置也相同。

现在我们就明白了，为什么大气中的潮汐和海洋中的潮汐的高度相同。如果我们看一下潮汐的计算公式，就会发现里面只有地球的质量和半径、月球的质量和月球到地球的距离，而没有液体的密度，也没有空气的密度。所以，不管是水还是空气，计算的结果不会发生变化。不过，海洋上潮汐的高度是很小的，理论上海洋中心潮汐的高度不超过 0.5 米，岸边的潮水由于受到地形阻力的影响，高度有时会达到 10 米以上。

# 第5章 万有引力

在大气层中，没有什么东西对月潮造成影响，所以它不会超过理论高度0.5米。这样一来，月潮对大气压力的影响就非常小了。

起初，拉普拉斯研究了空气潮汐的理论之后，认为它对大气压力的影响不超过0.6毫米汞柱，对风速的影响要小于7.5厘米／秒。

显然，空气潮汐不会对天气产生什么影响，在多种因素中，它只能算是微不足道的一个罢了。

这一结果，推翻了许多"月亮预言家"的天气预报，因为他们预报天气的依据是月球在天空中的位置变化。